U0960145

21 世纪高等职业教育创新型精品规划教材

# 金属切削机床实训教程

主　编　刘苍林
参　编　杨小平
主　审　张　鑫

天津大学出版社
TIANJIN UNIVERSITY PRESS

## 内容提要

本书共11个实训科目，分别对车床、铣床及附件分度头、滚齿机、插齿机、自动车床、数控车床、数控铣床和加工中心的使用、结构、调整过程及机床一些故障的排除、机床几何精度检验等进行实训或现场教学提供书面指导，书后收录了车工、铣工、磨工和镗工的国家职业标准（摘录），以供读者准备参加职业技能考试时参考。本书注重实际操作，培养读者动手能力，是“金属切削机床”课程的辅助教材。

本书可作为高职高专院校机电类专业及相关类专业的教材，也可作为职业中专、职业高中、成人教育的参考教材，还可供有关工程技术人员参考。

**图书在版编目(CIP)数据**

金属切削机床实训教程/刘苍林主编；杨小平编. —天津：天津大学出版社，2009.8 （2015.2重印）
21世纪高等职业教育创新型精品规划教材
ISBN 978-7-5618-3075-8

Ⅰ. 金… Ⅱ. ①刘…②杨… Ⅲ. 金属切削-机床-高等学校：技术学校-教材 Ⅳ. TG502

中国版本图书馆CIP数据核字(2009)第127873号

**出版发行** 天津大学出版社
**出 版 人** 杨欢
**地　　址** 天津市卫津路92号天津大学内(邮编:300072)
**电　　话** 发行部:022-27403647
**网　　址** publish.tju.edu.cn
**印　　刷** 廊坊市海涛印刷有限公司
**经　　销** 全国各地新华书店
**开　　本** 169mm×239mm
**印　　张** 8.25
**字　　数** 211千
**版　　次** 2009年8月第1版
**印　　次** 2015年2月第2次
**印　　数** 3 001-4 500
**定　　价** 20.00元

---

# 前言

本实训教程注重培养学生技术应用能力，包括动作技能及心智技能训练，是《金属切削机床》的辅助教材。

“金属切削机床”是一门实践性很强的课程，只凭课堂讲授和书本知识是不容易理解的，在进行教材理论教学的同时，应该对各种机床进行现场教学及实训，使学生把课堂上学到的理论知识和生产现场有机地结合起来，熟练掌握各种机床的用途、结构组成、运动及传动系统、典型结构等，以便合理地选用机床及对各种机床的常见故障进行排除。本书通过11个实训科目，对各种机床及机床附件进行实训，以满足该课程教学的要求。

本书附录还收录了车工、铣工、磨工、镗工的国家职业标准（摘录），以便读者在准备参加职业技能考试时参考。

本书由陕西国防工业职业技术学院刘苍林主编，参加编写的有杨小平，由张鑫主审。其中，实训1、2、3、4、5、6、7、8由刘苍林编写，实训9、10、11由杨小平编写。

由于编者水平有限，书中缺点和错误在所难免，恳请广大读者批评指正。

编　者

2009年3月

# 目　　录

# 实训 1

## CA6140 型普通车床整机观察

### 一、实训目的

1）对机床的外形、总体布局以及各部件进行观察分析，理解各部件的功用和结构特点。图 1.1 为卧式车床的外形图。

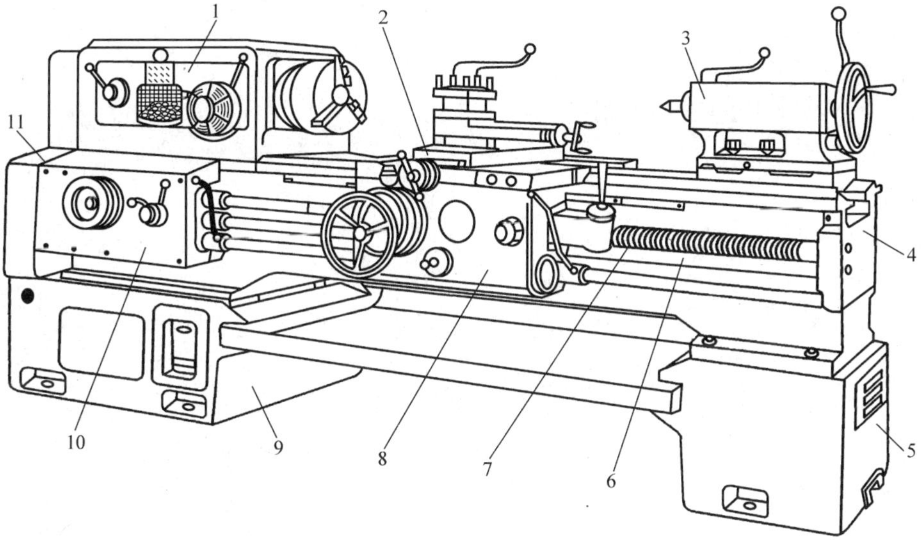


**图 1.1　卧式车床外形**

1—主轴箱；2—刀架；3—尾座；4—床身；5，9—床腿；

6—光杠；7—丝杠；8—溜板箱；10—进给箱；11—挂轮变速机构

2）了解普通车床主要附件（包含三爪卡盘、四爪卡盘、跟刀架、中心架）的用途及工作过程和注意事项。

3）观察普通车床的运动（主运动、进给运动、辅助运动）。

4）观察普通车床的操纵、调整、变速、照明、润滑等。

5）观察普通车床使用的刀具和附具。

## 二、实训设备

1）CA6140 型车床、CY6140 型车床各 1 台。卧式车床外形如图 1.1 所示。

2）车床附件和刀具。

## 三、实训思考题

1）普通车床的加工工艺范围是什么？

2）普通车床车削回转表面的成形机理是什么？

3）普通车床使用的刀具主要有哪些？

## 四、实训报告

（按 81 页附表完成）

# 实训 2

## CA6140 型普通车床结构剖析

### 一、实训目的及要求

利用实训设备及工具,结合图 2. 1 ~ 图 2. 13 开展实训,达到以下要求。

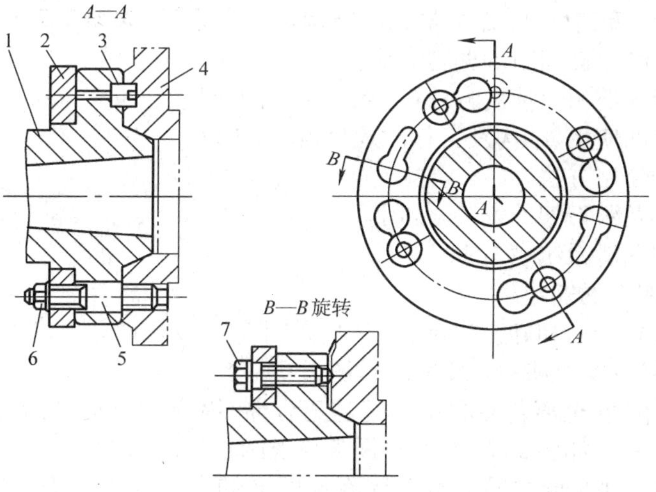


**图 2. 1　主轴前端结构及盘类夹具安装**

1—主轴;2—锁紧盘;3—端面键;4—卡盘座;5—螺栓;6—带肩螺母;7—螺钉

1)了解机床的传动、开合螺母与机动进给手柄的互锁原理、尾座的作用、方刀架的结构及工作原理。

2)掌握机床主轴变速、制动、换向和车螺纹时螺距的改变,纵向、横向快速进给机构以及变速手柄等的操作原理。

3)了解车床主轴轴承间隙、制动器带的间隙、横向进给丝杠间隙、双向多片式摩擦离合器间隙等的调整方法。

4)了解中心架的安装及使用,以及三爪、四爪卡盘的安装方法。

5)掌握 CA6140 型车床主轴箱Ⅰ轴上卸荷式皮带轮及双向多片式摩擦离合器、主轴制动的结构;掌握各传动件和操纵机构的结构及工作原理。

## 二、实训设备及工具

1)CA6140 型车床、CY6140 型车床各 1 台。

2)CA6140 型机床的立体挂图 1 套。

3)外圆车刀、螺纹车刀、中心钻各 1 把,顶尖 2 把。

4)中心架 1 个。

## 三、实训内容及工具

1)观察 CA6140 型车床的传动及其他一些结构,观察车床的主要部件结构及工作原理。

2)观察 CA6140 型车床的调整和使用方法。

(1)打开主轴箱作以下观察。

①主运动传动系统(如图 2.2)。

②双向多片式摩擦离合器 $M_1$ 及内齿轮离合器 $M_2$ 部件结构(如图 2.2、图 2.3)。

③各部件的调整方法(包括主轴轴承间隙、制动器带的间隙、双向多片式摩擦离合器间隙等的调整方法)(如图 2.2、图 2.3)。

④主轴变速、变向机构,操纵机构的结构及工作原理(如图 2.2、图 2.3)。

(2)横向进给丝杠间隙的调整方法。

(3)各手柄的功用及使用方法(如图 2.4、图 2.6)。

(4)方刀架的使用、结构及工作原理(如图 2.12)。

(5)尾座的使用方法。

(6)中心架及跟刀架的安装、使用。

(7)机床的润滑系统(如图 2.13)。

(8)三爪、四爪的安装。

(9)观察背轮结构和卸荷皮带轮结构(如图 2.2)。

(10)进给箱的操纵机构(如图 2.5、图 2.6)。

(11)溜板箱(安全离合器和单向超越离合器、纵横向机动进给开合螺母的操纵机构、互锁机构等)(如图 2.7、图 2.8、图 2.9、图 2.10、图 2.11)。

CA6140 型普通车床主轴上卡盘等附件的装卸方法如下。安装时(如图 2.1 所示),先将紧固卡盘用的 4 只插销螺栓 5 拧在卡盘座 4 的座体上,而带肩螺母 6 拧在插销螺栓 5 的左端,此时把螺母 6 和插销螺栓 5 穿过主轴 1 肩上的圆孔和锁紧盘 2 的环形槽中的圆孔,然后将锁紧盘 2 逆时针转过一个角度,使螺母 6 及螺栓 5 处于锁紧盘 2 的环形沟槽中。再拧紧螺母 6 和螺钉 7,则卡盘装好被锁紧。由装在主轴轴肩端面上的圆柱形端面键 3 传递扭矩。螺钉 7 用于锁紧盘的锁紧,卸下时,松开螺母 6,将锁紧盘 2 顺时针转过一个角度,这时卡盘 4 连同螺母 6 和插销螺栓 5 一起卸下。

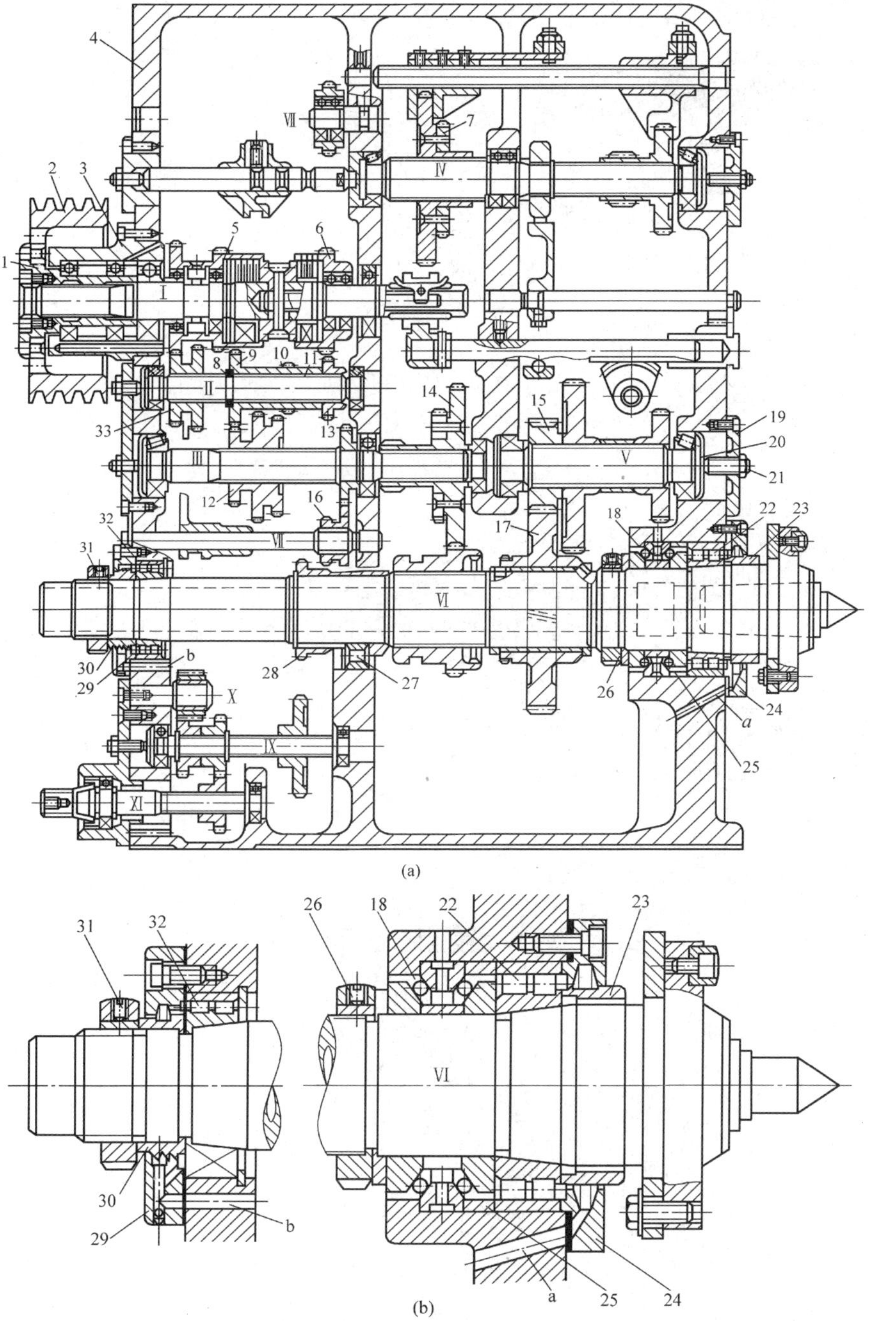


**图 2.2　CA6140 型卧式车床主轴箱展开图**

(a) 主轴箱展开图；(b) 主轴箱Ⅵ局部放大图

1—花键套；2—皮带轮；3—法兰；4—主轴箱体；5—双联空套齿轮；6—空套齿轮；7—双联滑移齿轮；8—半圆环；9，10—固定齿轮；11—隔套；12—三联滑移齿轮；13—固定齿轮；14—双联固定齿轮；15，17—斜齿轮；16—双联空套齿轮；18—双列推力向心轴套；19—盖板；20—轴承压盖；21—调整螺钉；22—双列短圆柱滚子轴承；23—螺母；24—轴承端盖；25—隔套；26—螺母；27—向心短圆柱滚子轴承；28—固定齿轮；29—轴承端盖；30—套筒；31—螺母；32—双列短圆柱滚子轴承；33—双联滑移齿轮

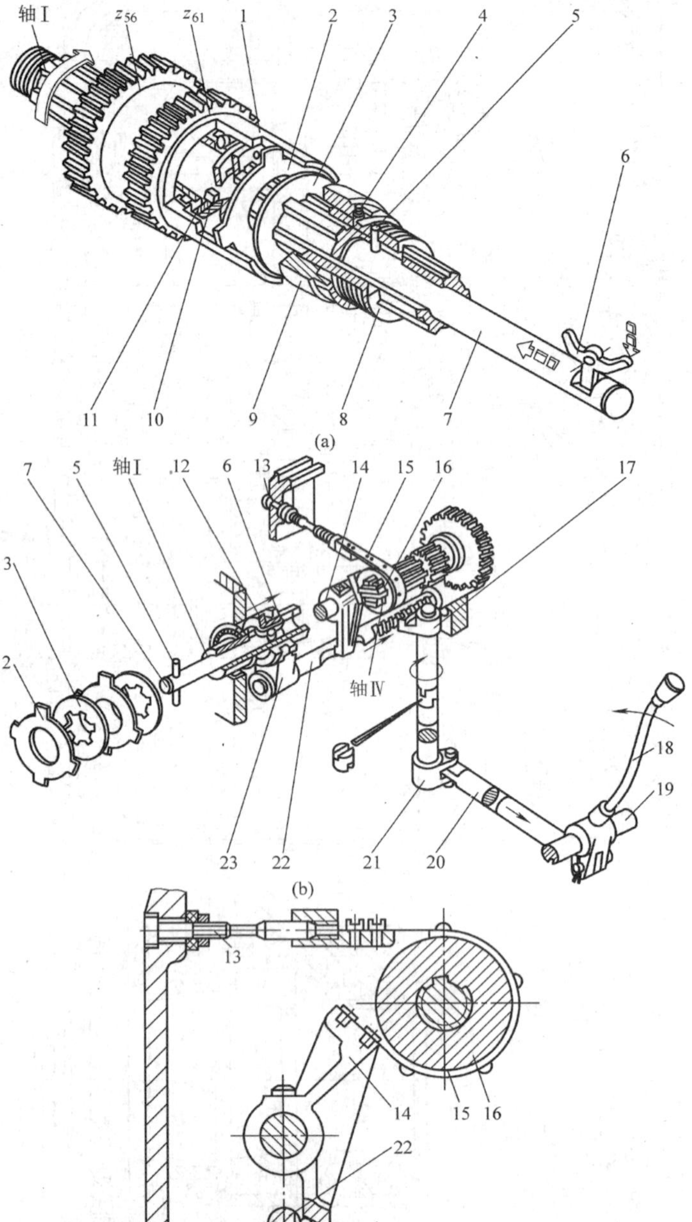


**图 2.3　摩擦离合器、制动器及其操纵机构**

(a) Ⅰ轴组件；(b)离合器操纵机构；(c)制动机构

1—齿轮；2—外摩擦片；3—内摩擦片；4,5—销；6—元宝杠杆；7—拉杆；
8—压块；9—调节螺母；10,11—止推片；12—滑套；13—调节螺钉；14—杠杆；15—制动带；
16—制动轮；17—扇形齿轮；18—手柄；19,20—轴；21—曲柄；22—点条轴；23—拨叉

## 四、实训思考题

1）CA6140 型车床主轴箱（如图 2.2 所示）中双向多片式摩擦离合器已具有过保护作用，为什么溜板箱中还要设置安全离合器？

2）把 CA6140 型车床调整在车削外圆状态启动机床，一切正常（溜板箱由右向左运动），停车，改变左右螺纹手柄，重新开车，溜板将处于何种运动状态（向左、向右还是停止不动）？为什么？

## 五、实训注意事项

1）在观察调试过程中应断开电源。

2）在教师讲解过程中切忌乱动机床，以防发生事故。

3）实训完毕后应认真完成实训报告。

| 曲柄 5 位置 | *a* | *b* | *c* | *d* | *e* | *f* |
|---|---|---|---|---|---|---|
| 三联滑移齿轮 2 位置 | 左 | 中 | 右 | 右 | 中 | 左 |
| 圆销 10 在凸轮曲线槽中位置 | *a′* | *b′* | *c′* | *d′* | *e′* | *f′* |
| 双联滑移齿轮位置 | 左 | 左 | 左 | 右 | 右 | 右 |

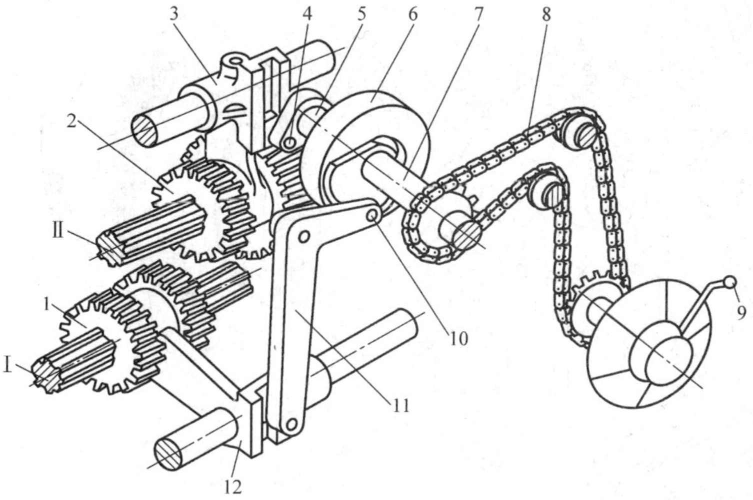


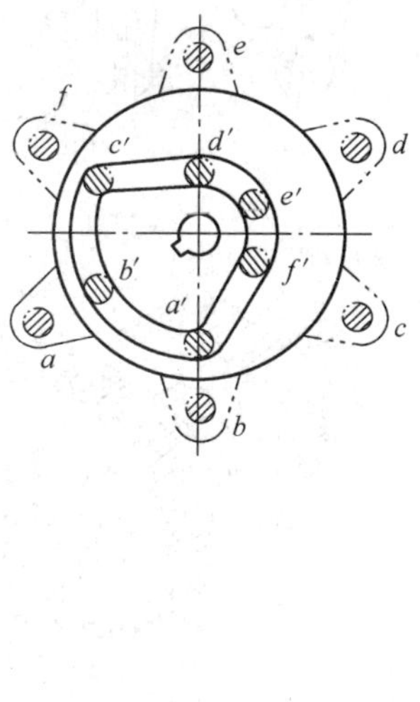


**图 2.4　变速操纵机构示意（CA6140）**

（a）六速单手柄操纵机构；（b）盘形齿轮六位置

1—双联滑移齿轮；2—三联滑移齿轮；3—拨叉；4—拨销；5—曲柄；6—盘形凸轮；7—轴；8—链条；9—变速手柄；10—圆销；11—杠杆；12—拨叉；Ⅰ，Ⅱ—传动轴

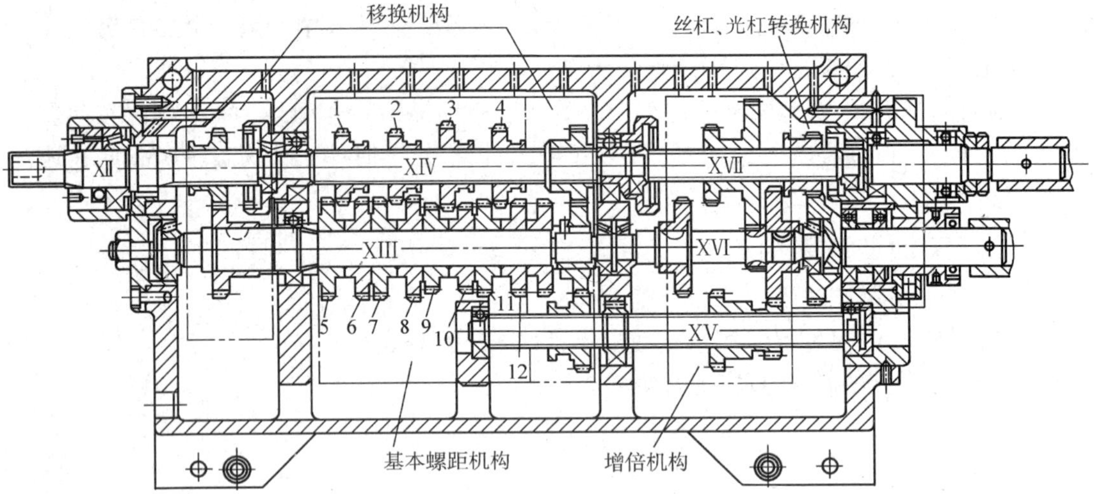


图 2.5 双轴滑移齿轮进给箱

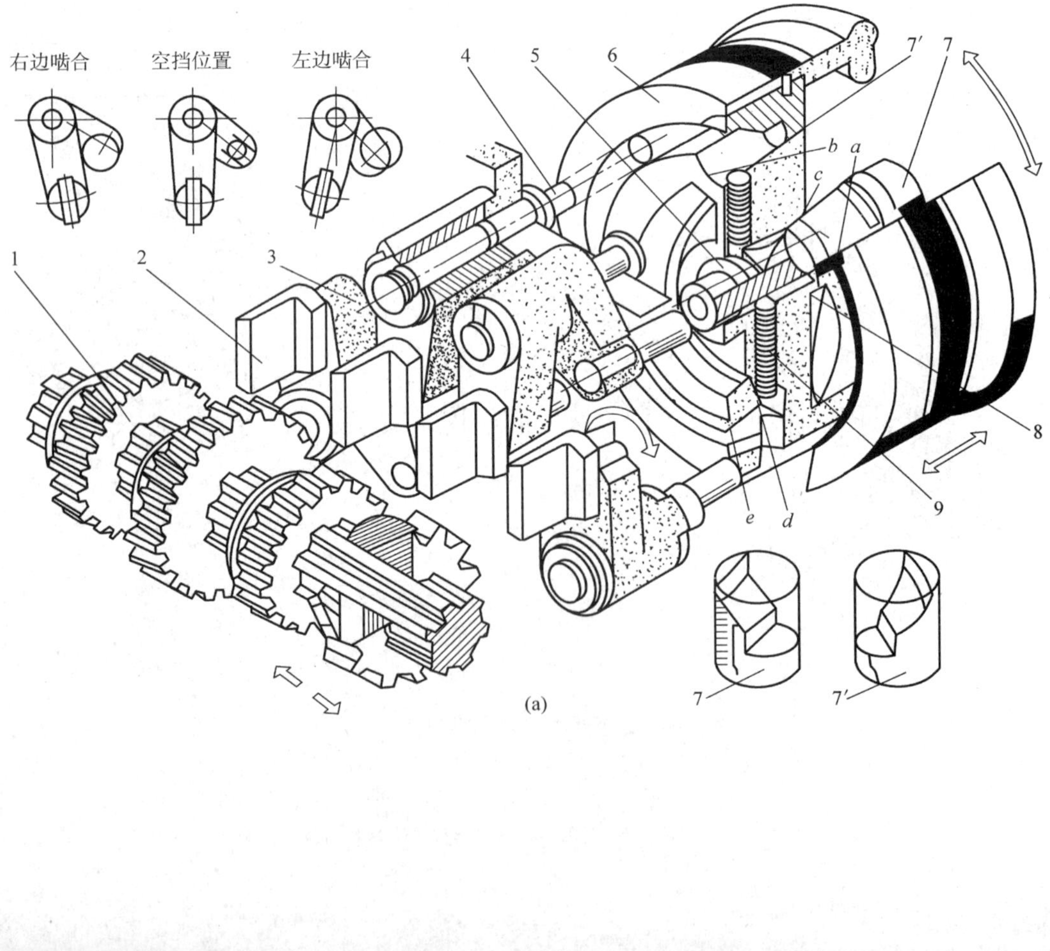


(a)

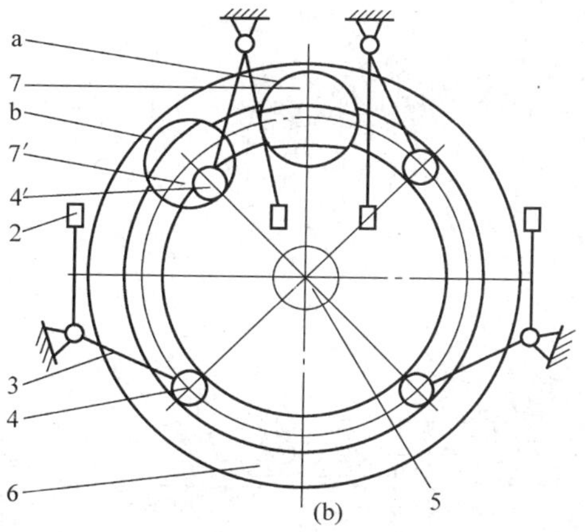


**图 2.6　基本组操纵机构**

(a)基本组变速操作机构立体图;(b)基本组操作机构原理图

1—滑动齿轮;2—拨块;3—杠杆;4,4′—销;5—固定轴;6—手轮;7,7′—压块;8—钢球;9—螺钉; a,b—孔

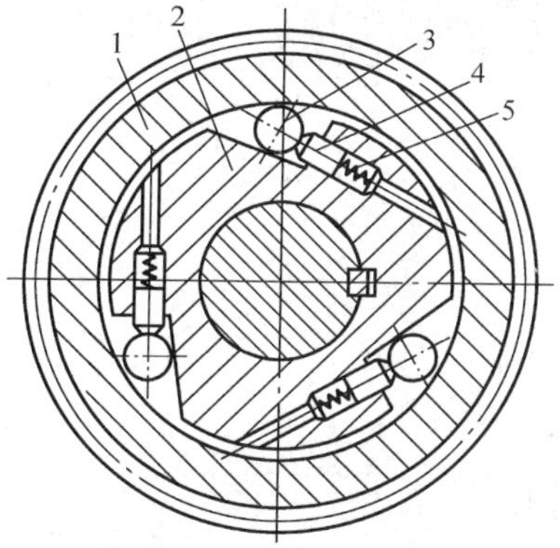


**图 2.7　超越离合器**

1—空套齿轮;2—星轮;3—滚柱;4—顶销;5—弹簧

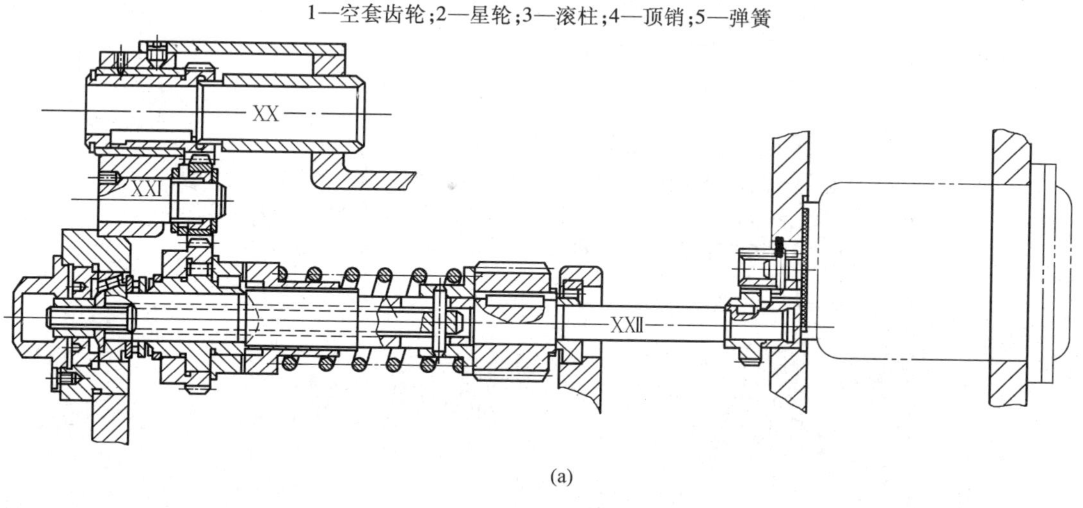

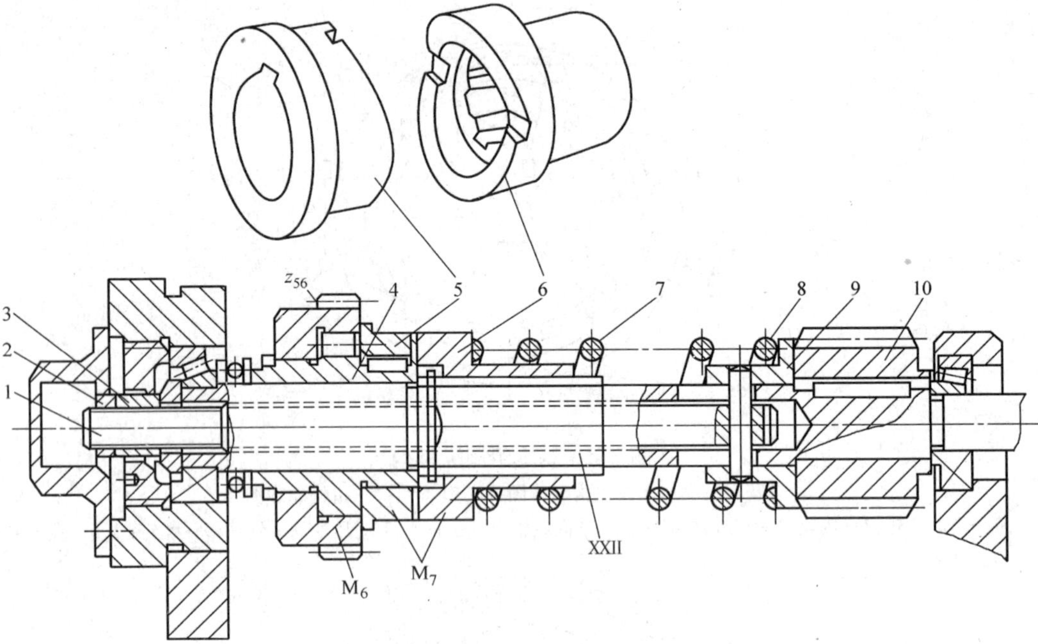


(b)

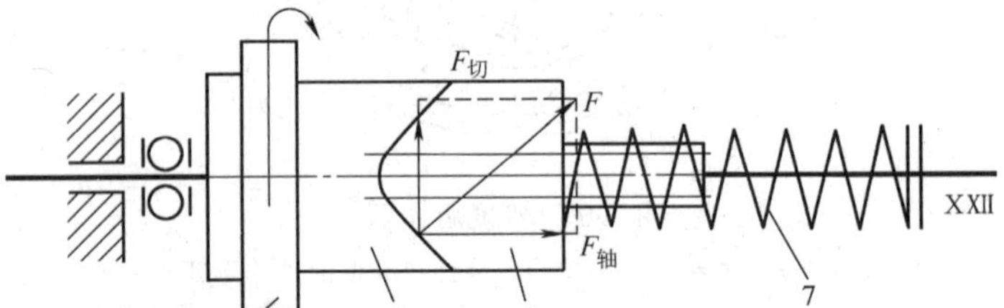


(c)

**图 2.8 安全离合器**

(a)消板箱XXII轴;(b)安全离合器;(c)安全离合器工作原理

1—拉杆;2—锁紧螺母;3—调整螺母;4—单向超越离合器的星轮;5—安全离合器左半部;

6—安合离合器右半部;7—弹簧;8—圆柱销;9—弹簧座;10—蜗杆

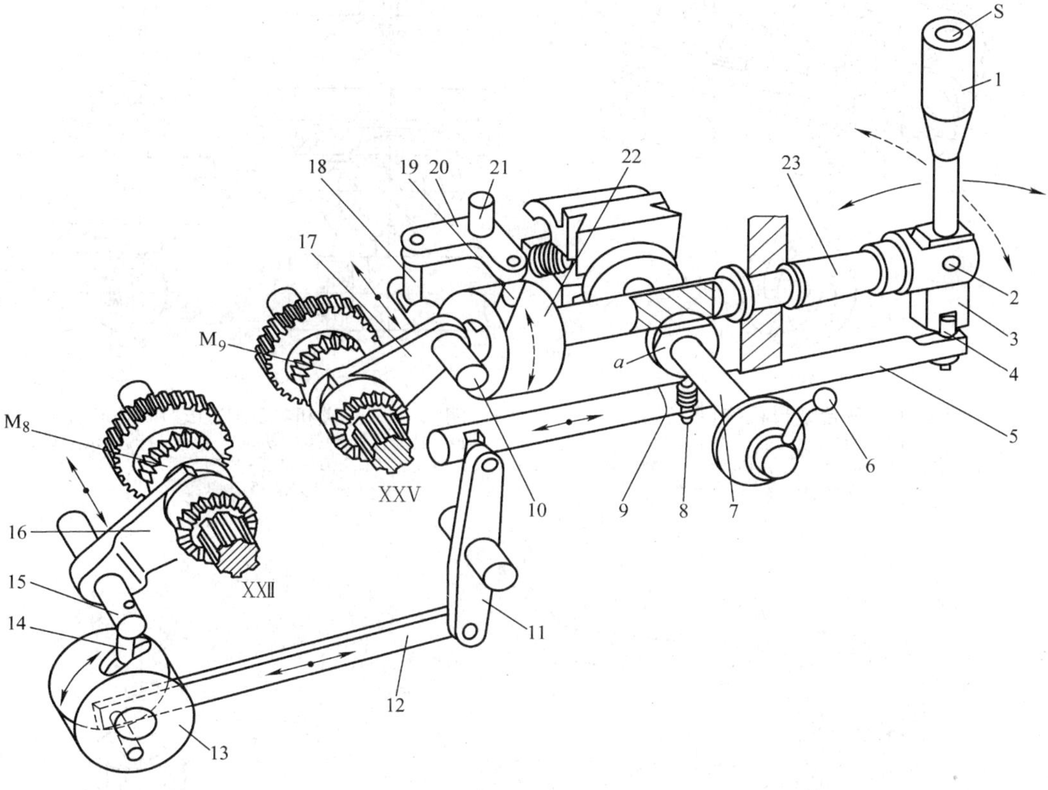


图 2.9　纵、横向机动进给操纵机构(CA6140)

1—手柄;2—销轴;3—手柄座;4—球头销;5—轴;6—手柄;7—轴;8—弹簧销;9—球头销;
10—拨叉轴;11—杠杆;12—连杆;13—凸轮;14—圆销;15—拨叉轴;16,17—拨叉;
18、19—圆销;20—杠杆;21—销轴;22—凸轮;23—轴;S—点动开关

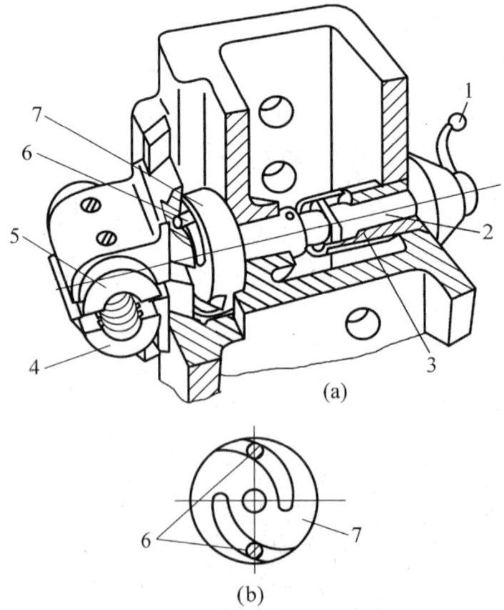

**图 2.10　开合螺母机构(CA6140)**

(a)开合螺母机构;(b)槽盘

1—手柄;2—轴;3—支承套;4—下半螺母;
5—上半螺母;6—圆销;7—槽盘

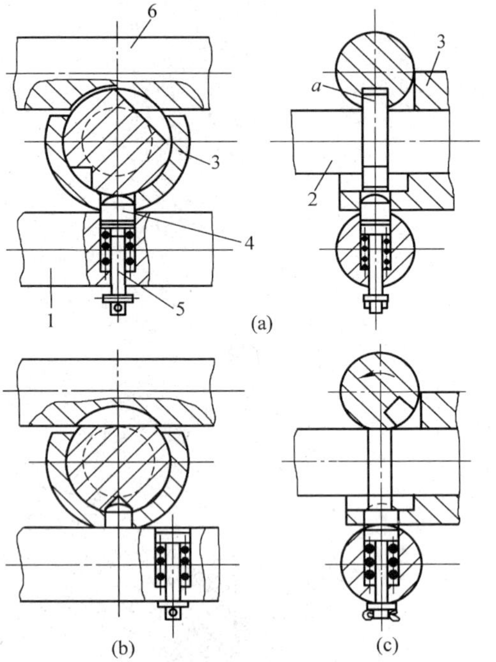

**图 2.11　互锁机构工作原理(CA6140)**

(a)开合螺母合;(b)纵向机动进给;(c)横向机动进给

1,2,6—轴;3—支承套;
4—球头销;5—弹簧销

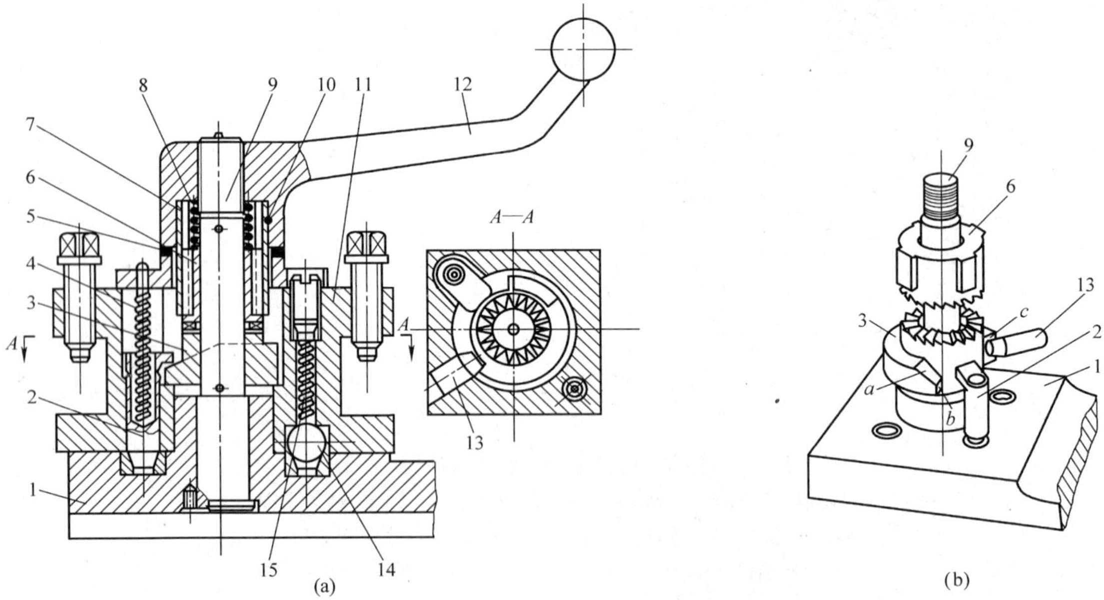

**图 2.12　方刀架**

(a)方刀架结构;(b)主要部件结构位置

1—刀架溜板;2—定位销;3—凸轮;4—弹簧;5—垫圈;6—外花键套;7—内花键套;8—弹簧;
9—轴;10—销钉;11—刀架体;12—手把;13—销;14—钢球;15—弹簧

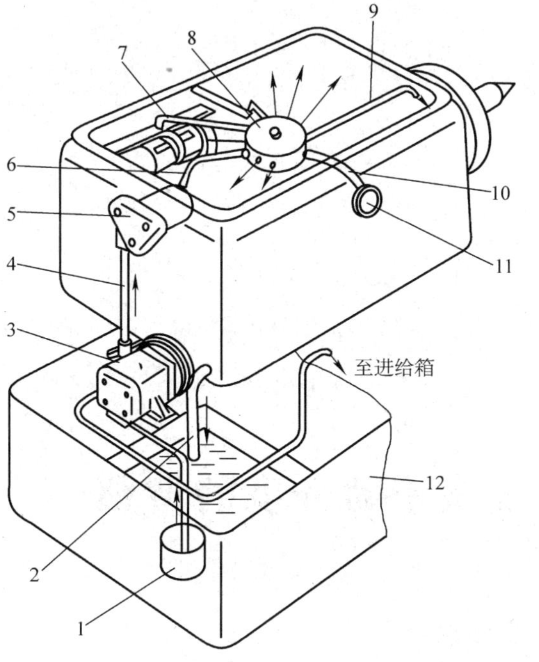


**图 2.13　主轴箱润滑系统**

1—网式滤油器;2—回油管;3—油泵;4—油管;5—滤油器;
6,7,9,10—油管;8—分油器;11—油标;12—床腿

## 六、实训报告

(按 81 页附表完成)

# 实训 3

## FW125 分度头差动分度的调整

### 一、实训目的及要求

1)通过在分度头上作分度实验,掌握分度方法及有关调整方法。

2)了解分度头的结构、功能、工作原理等。

3)熟悉简单分度法、差动分度法。

### 二、实训设备及工具

1)FW125 型万能分度头一台。

2)X62W 型卧式万能铣床一台。

3)铣刀一把($m=2$)、百分表一只、划针盘、心轴。

### 三、分度头简介

1. 分度盘孔圈数

第一块:16、24、30、36、41、47、57、59。

第二块:23、25、28、33、39、43、51、61。

第三块:22、27、29、31、37、49、53、63。

2. 挂轮的齿数($m=1.75$)

共 15 个挂轮,齿数分别为 24(两个)、28、32、40、44、48、56、64、72、80、84、86、96、100。

3. 分度叉

为了避免每进行一次分度都要数孔的麻烦,并且为了防止分错孔数,在分度盘上附有分度叉。FW125 型万能分度头外形如图 3.1 所示。

分度叉的夹角大小可以通过松开螺钉进行调整,在调节时应注意使分度叉间的孔数比需要摇的孔数多一个孔。

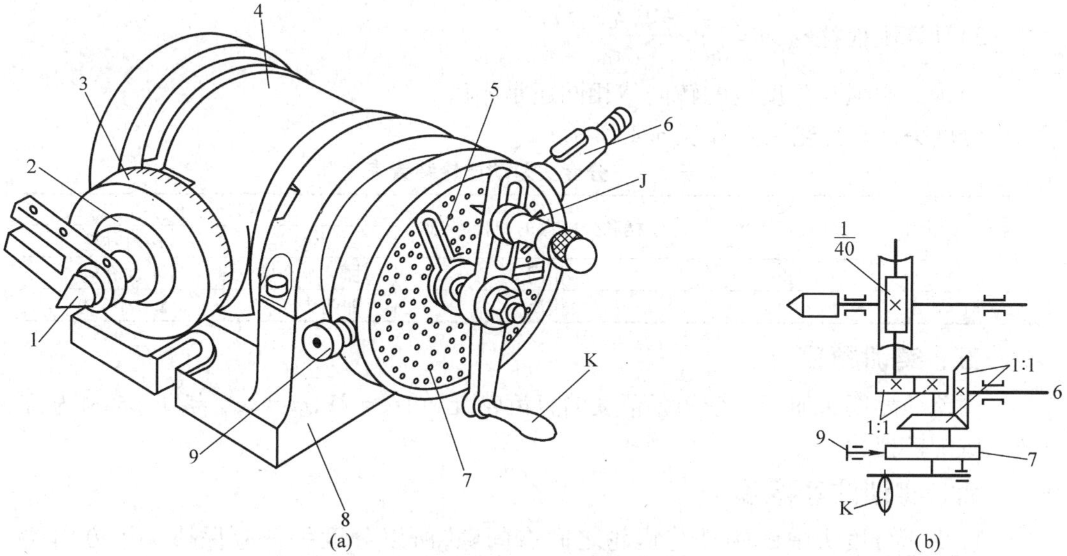


**图3.1　FW125型万能分度头外形及传动系统**

(a)分度头外形；(b)传动系统

1—顶尖；2—分度头主轴；3—刻度盘；4—壳体；5—分度叉；6—分度头外伸轴；

7—分度盘；8—底盘；9—锁紧螺钉；J—插销；K—分度手柄

## 四、几种常用的分度方法

1. 直接分度

直接分度是将蜗杆与蜗轮脱开，利用主轴前端的刻度盘进行分度，但分度后，必须锁紧主轴，以防切削时振动。直接分度适用于等分数较少、精度要求不高的情况。

2. 简单分度

简单分度是利用分度盘进行的，分度时用螺钉将分度盘锁紧，每分度一次手柄应转的转数

$$n_k = \frac{40}{z}\quad（转）$$

3. 差动分度

由于分度盘的孔圈有限，某些分度数因选不到合适的孔圈而不可能用简单分度法进行分度。

差动分度法中分度盘不固定，在主轴后錐孔中插入一心轴，在心轴上装上挂轮，与轴Ⅱ联系在一起，当转动分度手柄带动主轴旋转时，就会通过主轴后端心轴的交换挂轮使挂轮轴转动，从而带动分度盘产生转动来补偿工件所需等分与假定等分在角度上的差值。分度时要进行如下操作。

1)先选择一个与等分数 $z$ 相接近的等分数 $z_0$，操作时按 $n_0 = \frac{40}{z_0}$（转）进行分度，即手柄相对于分度盘转 $n_0 = \frac{40}{z_0}$（转）。（分度原理如图3.2）

2)计算配换挂轮：$u=\frac{ac}{bd}=\frac{40(z_0-z)}{z_0}$。

3)确定手柄与分度盘的转向是相同还是相反。

分度头差动挂轮装置如表3.1所示。

**表3.1 分度头差动挂轮装置表**

| $z$ 和 $z_0$ 相比 | 挂轮传动比 | 手柄和分度盘的回转方向 | FW125 分度头 | |
|---|---|---|---|---|
| | | | 一对挂轮 | 两对挂轮 |
| $z_0>z$ | 正 | 相同 | 加一个介轮 | 不加介轮 |
| $z_0<z$ | 负 | 相反 | 加两个介轮 | 加一个介轮 |

## 五、实训题目

用差动分度法加工一个9级精度的直齿轮，已知：$z=71$，$m=2$，$\alpha=20°$，材料为铸铁。试配换挂轮。

## 六、实训注意事项

1)由于分度头中的蜗杆与蜗轮之间有间隙，所以分度手柄应保持一个方向摇动，这样可以使蜗轮副的间隙消除，以保证分度的准确性。

2)当分度手柄将要摇到预定的位置时，必须注意不要摇过头，要正好插入孔中。若摇过了头，即使退回到预定孔内，由于存在间隙，也会引起分度误差。

3)每次分度实验前，必须松开分度头，锁紧主轴手柄，使分度头主轴能自由转动，分度完成后，再把它锁紧，以防止分度头主轴在铣削过程中松动。

4)注意安全。

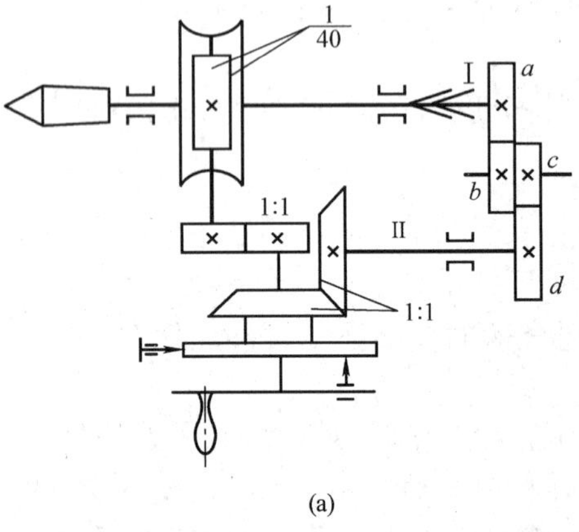


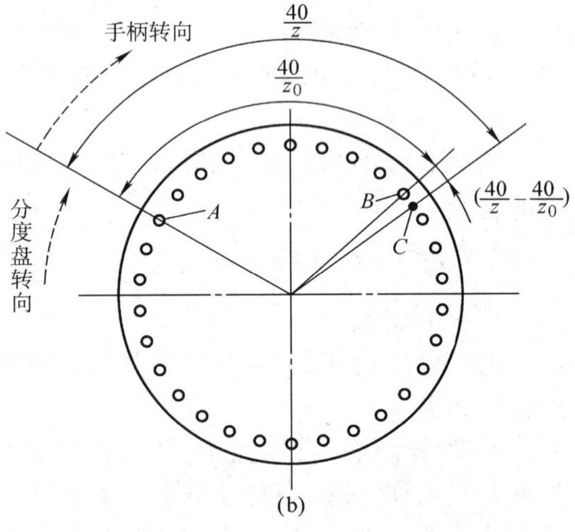


**图3.2 差动分度原理**

(a)差动分度挂轮；(b)分度盘

## 七、实训报告

（按81页附表完成）

# 实训 4

## X62W 型万能卧式升降台铣床利用 FW125 型分度头铣螺旋槽

### 一、实训目的及要求

1)了解 X62W 型万能卧式升降台铣床的总体布局及运动。

2)了解 FW125 型和 FW250 型万能分度头的结构特点。

3)掌握使用分度头在铣床上加工螺旋槽的工作调整。

### 二、实训设备

1)X62W 型万能卧式铣床一台。

2)FW125 型和 FW250 型分度头各一台。

3)齿轮成形铣刀一把($m=2$)。

4)铣床用顶尖一台。

### 三、铣螺旋槽的工作原理

铣螺旋槽工件时,工件应具备下列运动。

1)随工作台纵向进给作直线运动。

2)绕自身轴线作旋转运动。

3)铣完一条螺旋槽时再进行分度。

工件的移动(直线)和旋转运动,要保持一定的运动关系,即工作台纵向移动一个工件螺旋线导程 $T$(纵向进给丝杠旋转$\frac{T}{T_{丝}}$转)时,工件旋转 ±1 转。螺旋线导程如图 4.1 所示。其运动平衡方程式为:

$$\frac{T}{T_{丝}}\times\frac{a_1c_1}{b_1d_1}\times\frac{1}{1}\times\frac{1}{1}\times\frac{1}{40}=1$$

加工螺旋槽工件时：$T=\pi D\cot\beta$(mm)（如图 4.1）

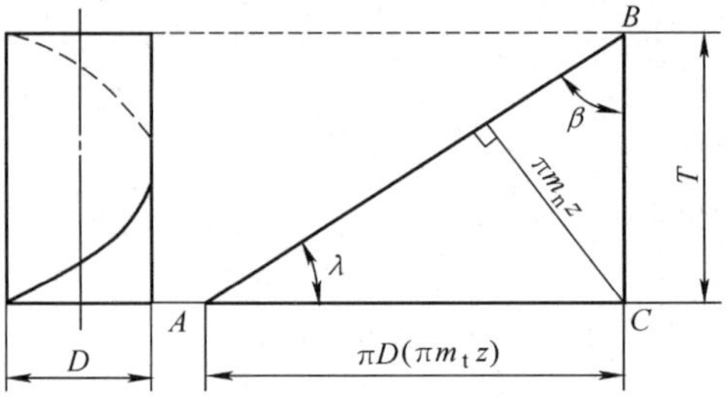


图 4.1　螺旋线导程

加工斜齿轮时：$T=\dfrac{\pi m_n z}{\sin\beta}$　(mm)

式中：$D$ ——工件直径；

$\beta$ ——工件螺旋角；

$m_n$ ——法向模数；

$z$ ——斜齿轮齿数。

其换置公式为：

$$u=\frac{a_1c_1}{b_1d_1}=\frac{40T_{丝}\sin\beta}{\pi m_n z}$$

## 四、加工螺旋齿轮时铣刀的选择

盘型齿轮铣刀的刀号选择如表 4.1 所示。

表 4.1　盘型齿轮铣刀的刀号选择

| 铣刀刀号 | 1 | 2 | 3 | 4 | 5 | 6 | 7 | 8 |
|---|---|---|---|---|---|---|---|---|
| 加工齿数范围 | 12～13 | 14～16 | 17～20 | 21～25 | 26～34 | 35～54 | 55～134 | ≥135 |

## 五、切削用量的选择

1. 切削速度

切削速度的选择见表 4.2。

表 4.2　切削速度选择表

| 齿坯材料 | 45 | 40Cr | 20Cr | HT150 ～200 及硬青铜 | 中等硬度青铜及黄铜 |
|---|---|---|---|---|---|
| 切削速度 $v$ (m/min) | 粗　铣 | | | | |
| | 32 | 30 | 22 | 25 | 40 |
| | 精　铣 | | | | |
| | 40 | 37.5 | 27 | 31 | 50 |

按上表选好切削速度 $v$ 以后，再根据下式求出主轴速度：

$$n_{主}=\frac{1\,000v}{\pi D}$$

式中：$v$ ——切削速度(m/min)；

$D$ ——铣刀直径(mm)。

2. 进给量$f$

进给量大小与模数及加工性质有关,粗加工可选用较大进给量,精加工则选用较小进给量。

进给量大小可参考下面数据:

对于$m \leqslant 8$的钢质齿轮,$f$取109~134 mm/min;

对于$m \leqslant 8$的铸铁齿轮,$f$取165~200 mm/min。

## 六、工作台扳转角度及扳转方向

为了获得螺旋槽的正确截形,应使铣刀的旋转平面与螺旋槽方向一致,所以,工件必须在水平面内扳转一个角度,其大小等于螺旋角,扳转方向视螺旋槽方向而定,若工件为右螺旋槽则工作台逆时针扳转$\beta$角,工件为左旋则工作台顺时针扳转$\beta$角,如图4.2所示。

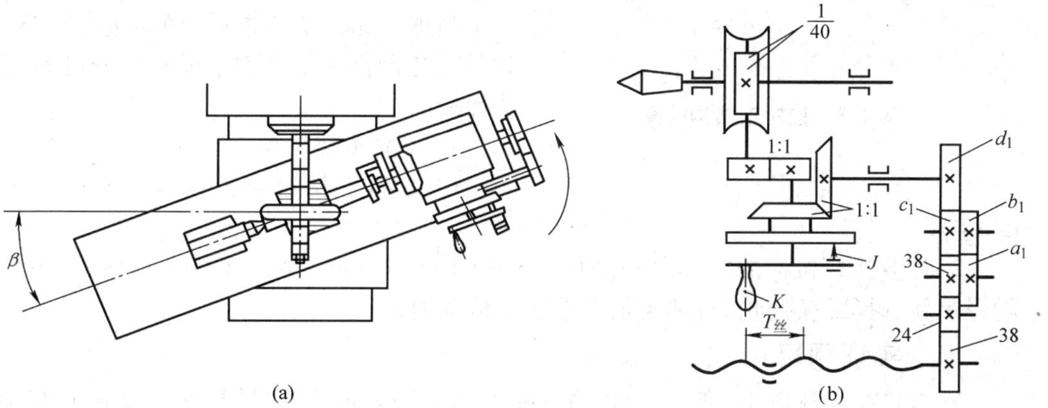


**图4.2　铣螺旋槽的调整计算**

(a)扳角大小与方向;(b)配换挂轮

## 七、调整计算步骤

1. 配换挂轮的计算

$$u = \frac{a_1 c_1}{b_1 d_1} = \frac{40T_{丝} \sin\beta}{\pi m_n z}$$

挂轮架结构见图4.3。

用对数法计算配换齿轮比较简单,但必须注意以下几点。

1)对数挂轮表一般按传动比$u$为真分数编制,即$u = \frac{z_1}{z_2} < 1$,所以$\lg u < 0$,表中所列传动比的对数都是负值。

2)由于$\lg \frac{z_2}{z_1} = -\lg \frac{z_1}{z_2}$,所以对数挂轮表中仅列出传动比$u$为真分数的对数$\lg \frac{z_1}{z_2}$

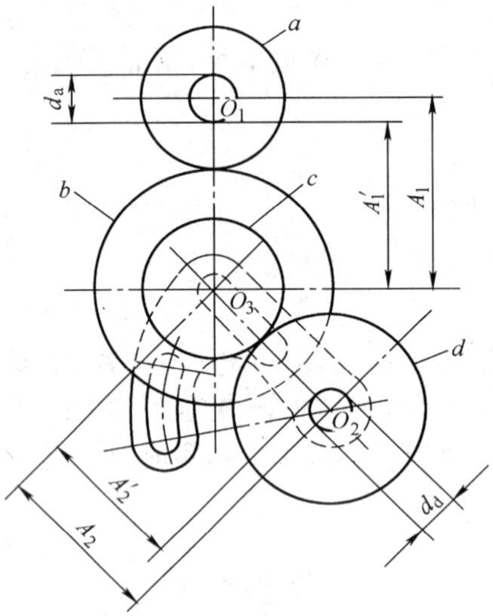


图 4.3　挂轮架结构简图

及相应的齿数比$\frac{z_1}{z_2}$，从而使对数挂轮表的篇幅省略一半，当传动比 $u>1$ 时，其对数 $\lg u>0$，这时只要将表中查出所需的齿数比$\frac{z_1}{z_2}$对调为$\frac{z_2}{z_1}$，就可求出所需的齿数比。

3）由于选取的对数往往是近似值，必要时应验算传动比误差数。传动比相对误差可按下式计算：

$$\delta=2.3(\lg u-\lg u_{实})$$

式中：$u$——理论传动比；

$u_{实}$——选定挂轮的实际传动比。

2. 分度计算

当加工完一个齿槽后，尚需进行分度，此时只能用简单分度法，而差动分度法无法使用。

3. 验算传动比误差

1）传动比相对误差：$\delta=2.3(\lg u-\lg u_{实})$。

2）计算执行机构的位移误差：$\Delta L=L\delta$，$L=1\ 000$（mm），$\Delta L\leqslant$工件允许误差，否则就得重新选择配换挂轮，直到满足工件加工精度为止。

## 八、实训题目

在 X62W 型铣床上，用 FW250 型分度头，铣削 $z=36$，法向模数 $m_n=2$ mm，螺旋角 $\beta=30°$的右旋斜齿圆柱齿轮，试进行机床的工作调整计算。

## 九、实训报告

（按 81 页附表完成）

1）简要回答下列思考题：

（1）利用万能分度头和铣床除了能加工直齿圆柱齿轮、斜齿圆柱齿轮外，还可以加工什么齿轮？

（2）本实验加工斜齿圆柱齿轮时，工作台为什么要偏转一个角度？

（3）利用本设备加工齿轮应具备哪些运动？

（4）如果采用指状铣刀加工斜齿轮，工作台是否也应扳转一个工件的螺旋角 $\beta$？

2）画出铣床工作台扳角示意图，并标明铣刀、工件、工作台运动的正确方向。

3）试进行铣螺旋槽挂轮的调整计算，并验算挂轮误差。

4）已知 FW250 型万能分度头所带齿轮齿数分别为：20、25、30、35、40、50、55、60、70、80、90、100，共 12 个。

# 实训 5

## Y38—1 型滚齿机调整

### 一、实训目的

1)熟悉滚齿机的传动系统、工作原理和典型结构。

2)了解滚切各种齿轮时对机床的调整方法。

3)通过滚切螺旋圆柱齿轮的调整,实习滚齿机的具体操作。

### 二、机床介绍

本次实训所用的机床为 Y38—1 型滚齿机,它适用于加工各种直齿圆柱齿轮、螺旋齿圆柱齿轮和蜗轮。该机床的传动系统图见图 5.1。

机床的主要技术性能如下。

1)最大切削模数:钢材 6 mm,铸铁 8 mm。

2)加工直齿圆柱齿轮最大直径:有支架的为 450 mm,无支架的为 800 mm。

3)加工螺旋齿圆柱齿轮最大直径:当螺旋角 $\beta=30°$ 时为 500 mm,当螺旋角 $\beta=60°$ 时为 190 mm。

4)滚刀最大滚切长度(直齿轮时)为 270 mm。

5)滚刀心轴与齿轮胚中心线间的距离:最大为 500 mm,最小为 80 mm。

6)滚刀最大直径:120 mm。

7)滚刀主轴转速:级数为 7 级,范围为 47.5 ~ 192 r/min。

8)工件每转滚刀垂直进给量:0.25 ~ 3 mm/r。

9)配换挂轮数如下。

(1)变速挂轮的交换齿轮一套:模数为 $m=3.5$ mm,齿数为 18、22、25、28、32、35、

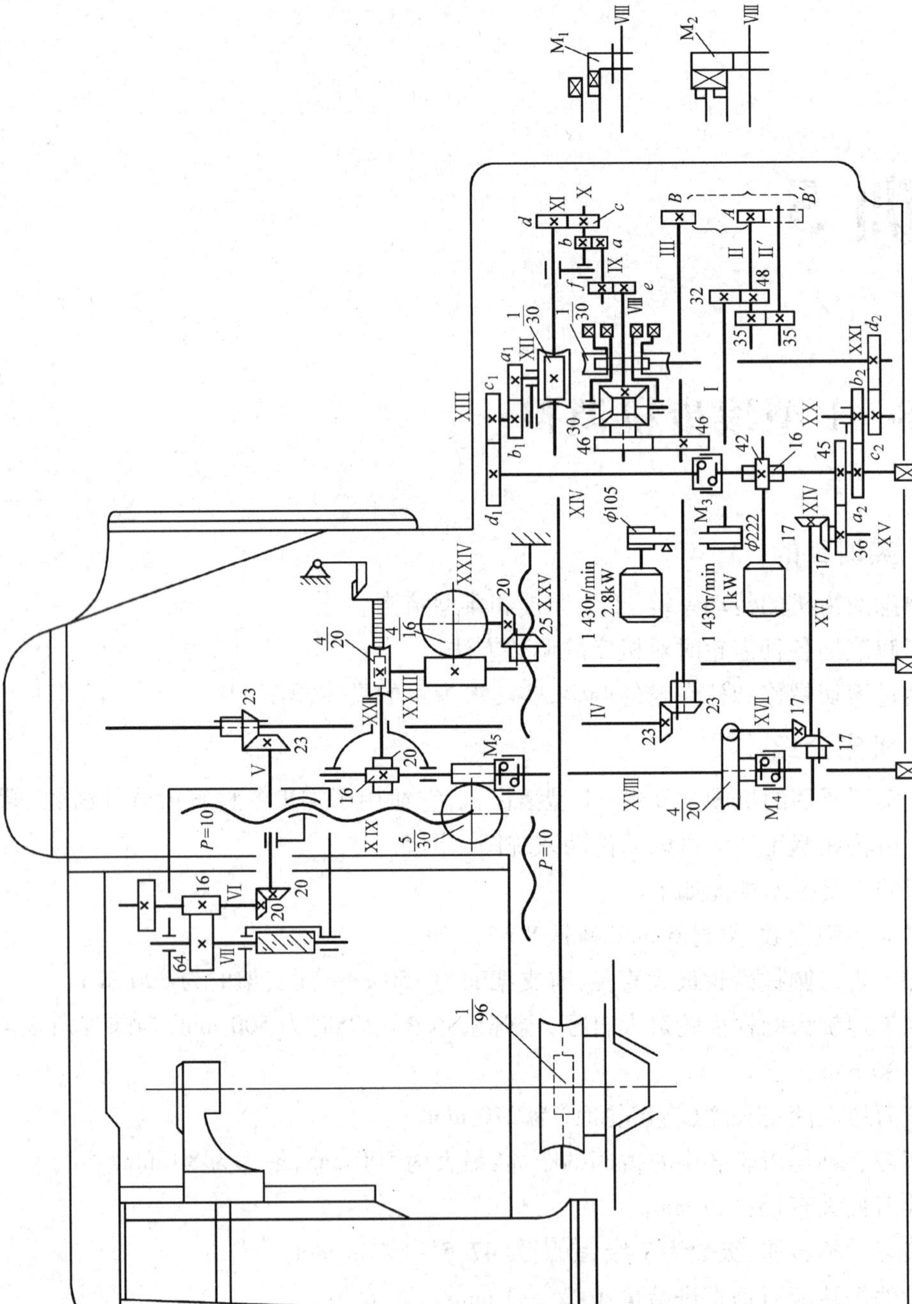


图 5.1 Y38—1 型滚齿机传动系统图

38、42，共8个。

(2)分齿进刀及差动装置挂轮架的交换齿轮一套：模数为 $m=2$ mm，齿数为20（两个）、23、24、25（两个）、30、33、34、35、37、40、41、43、45、47、48、50、53、55、57、58、59、60、61、62、65、67、70、71、73、75、79、80、83、85、89、90、92、95、97、98、100，共43个。

## 三、机床的调整

1. 滚刀的旋转（主运动）

从主运动传动链得：

$$A/B=0.085n=2.7\ v/d$$

式中：滚刀转速 $n=\dfrac{1\ 000\ v}{\pi d}$　(r/min)；

$v$——切削速度(m/min)；（切削速度的选择见表5.1）

$d$——滚刀直径。

$$A+B=60$$

**表5.1　切削速度选择**

| 工件材料 | 切削速度 $v$(m/min) | |
|---|---|---|
| | 粗走刀 | 细走刀 |
| 铸　铁 | 16～20 | 20～25 |
| 钢($\sigma<600$ MPa) | 25～28 | 30～35 |
| 钢($\sigma>600$ MPa) | 20～25 | 25～30 |
| 青　铜 | 25～50 | 25～50 |
| 塑　料 | 25～40 | 25～40 |

也可根据 $v$ 和 $d$ 查说明书附表得出 $A$、$B$ 挂轮齿数。

为了避免分度蜗轮副的过早磨损，切削速度与被加工齿轮的齿数有关，应受到分度蜗杆所允许的滑动速度限制（不得大于2 m/s）。因此，就限制了工作台的转速不得大于6.5 r/min。

2. 工作台的旋转（分齿运动）

根据滚刀头数与工件齿数间的关系来调整分齿挂轮架。当工件齿数 $z\leqslant161$ 齿时，“$e$”及“$f$”齿轮均取为36齿，即 $e/f=1$，则调整公式为 $\dfrac{ac}{bd}=\dfrac{24k}{z}$；当工件齿数 $z\geqslant161$ 齿时，“$e$”及“$f$”齿轮齿数为24齿与48齿，即 $e/f=1/2$，则调整公式为 $\dfrac{ac}{bd}=\dfrac{48k}{z}$。

注意：在滚切直齿圆柱齿轮时，一般不需要使用差动装置，差动离合器应脱开。

3. 滚刀的垂直进给运动(进刀量)

根据被加工齿轮所要求的精度、齿面粗糙度以及齿轮坯料来选择进刀量。

进刀量是以工件每转的滚刀垂直移动量来计算的。按垂直送进运动链得：

$$\frac{a_1c_1}{b_1d_1}=\frac{3}{4}f$$

式中：$f$——垂直进给量(mm/r)。

4. 差动挂轮架的调整

当切削螺旋齿轮时，需使用差动装置，此时差动离合器应合上。应该注意的是在加工螺旋齿轮时，当 $e$、$f$ 齿轮为 1 ∶1 的情况下，分齿挂轮的调整应该用$\frac{ac}{bd}=\frac{24k}{z}$进行。

差动挂轮架的调整，根据被加工螺旋齿轮的法向模数及其螺旋角 $\beta$ 按下面公式进行计算：

$$\frac{a_2c_2}{b_2d_2}=\pm\frac{25\sin\beta}{\pi m_n k}$$

其中：$m_n$ ——法向模数；

$k$ ——滚刀头数；

$\beta$ ——被加工齿轮的螺旋角。

5. 工件的固定

工件本身的精确性及其安装情况，是保证齿轮获得好的加工精度的首要条件。因此，工件应可靠地固定，在切削过程中，不得有任何松动，此外，工件还应与工作台同心，并在夹紧力的作用下，不得发生变形。至于工件与工作台旋转中心的精确性，可以把千分表装在刀架上，开车检查齿轮坯的外径跳动和端面跳动，其跳动的允差应满足被加工齿轮的精度要求。

6. 刀具的安装

在滚齿时总的原则是，需将滚刀的齿装得与被切齿轮的齿吻合。

在安装滚刀时，为避免在切削齿轮时发生齿形误差，应将滚刀精确定位。因此，必须清除滚刀及垫圈两端面的脏物，不然，当旋紧螺帽时，滚刀心轴就会变弯曲，并将产生跳动误差。

同样需要注意使刀架主轴的锥孔与滚刀心轴的锥体保持清洁，用主轴尾端的拉紧螺栓固牢，并将活动支承滚刀心轴套上，保持灵活转动，再锁紧压板。

在滚切斜齿圆柱齿轮时，滚刀的轴线应与水平线成 $\delta=\beta\pm\lambda$ 角度。所选用滚刀的螺旋角最好与被加工齿轮的螺旋角同向，这样滚刀的安装角较小，有利于提高机床运动的平稳性及加工精度。在分度蜗轮副中，就不会有由于螺旋方向不同所引起的间隙，从而提高工件的加工精度。在滚切蜗轮时，滚刀成水平安置。

7. 切削深度的调整

根据工件的模数、材料及工件螺旋角和所要求的加工精度等条件来确定进给次数和切削深度。

调整切削深度时，移动工作台使滚刀与毛坯相切，然后升起滚刀（当逆铣时），利用送进刻度盘将工作台移动到适当深度。应注意，当移动工作台时，应先将锁紧手柄松开，深度调整好后再将手柄紧固。

调整刀架滑板上T形槽中的挡块位置，可以实现一次走刀后自动停车。

## 四、实训步骤

1）根据传动系统图研究机床的传动系统及构造，熟悉各操纵机构的用途及操纵方式，了解机床的主要规格。

2）研究工作图。

3）检查毛坯。

4）根据本实训教程，计算各运动链的配换挂轮传动比，由配换齿轮表选择配换挂轮，填入调整卡。

5）调整配换挂轮架，根据需要安装惰轮。

6）安装及调整滚刀。

7）润滑机床各部分。

8）安装毛坯，用百分表检查其径向跳动，并紧固之。

9）调整好停止送进挡块位置，按切削深度要求进行滚切加工。

10）加工完毕后，取下工件，清理机床，按要求做实训报告。

## 五、实训题目

现有一个模数 $m=2$ mm、齿数为70的直齿圆柱齿轮需要加工，齿轮材料为铸铁，试进行调整加工。

## 六、实训报告

（按81页附表完成）

# 实训 6

## Y54A 型插齿机结构观察与调整

### 一、实训目的

1）熟悉插齿机的各种运动及典型结构特点。

2）了解插齿机的调整方法。

### 二、机床介绍

本实训所用的插齿机型号为 Y54A 型，如图 6.1 所示。该机床适用于各种直齿圆柱齿轮及其他所有可以用范成法加工的圆柱齿轮，特别适用于加工内齿轮、双联和多联齿轮块。

机床的主要技术规格如下。

1）最大模数：6 mm。

2）最大工件直径：外齿 500 mm，内齿 550 mm。

3）最大齿宽：外齿 105 mm，内齿 75 mm。

4）刀轴轴线至工作台轴线最大距离：刀架向左 350 mm，刀架向右 160 mm。

5）回程时，工作台退离插齿刀移动量（让刀量）为 0.3 ~0.5 mm。

6）工作台主轴的轴套外径为 240 mm。

7）刀具最大行程为 125 mm。

8）刀架最大纵向移动量为 510 mm。

9）刀具每分钟往复行程数：83、120、170、240，共 4 种。

10）刀具圆周进给量：0.17、0.21、0.24、0.30、0.35、0.44 mm/往复行程，共 6 种。

11）刀具径向进给量：0.024、0.048、0.096 mm/往复行程，共 3 种。

12）主电机：功率 2.2 kW，转速 960 r/min。

图 6.1　Y54A 型插齿机

13）分齿挂轮模数 $m=2.25$ mm，齿数为 20、23、24、25、26、30、32、33、34、35、36、37、38、40、41、43、45、46、47、48、49、50、55、58、60、62、65、70、75、80、82、85、90、96，共 34 种。

14）机床的传动系统：如图 6.2 所示。

## 三、机床的调整与使用

机床的调整顺序如下。

（1）安装插齿刀（如图 6.4）。

（2）选择心轴和卡紧工件。

（3）安装与检查心轴。

（4）安装和检查工件。

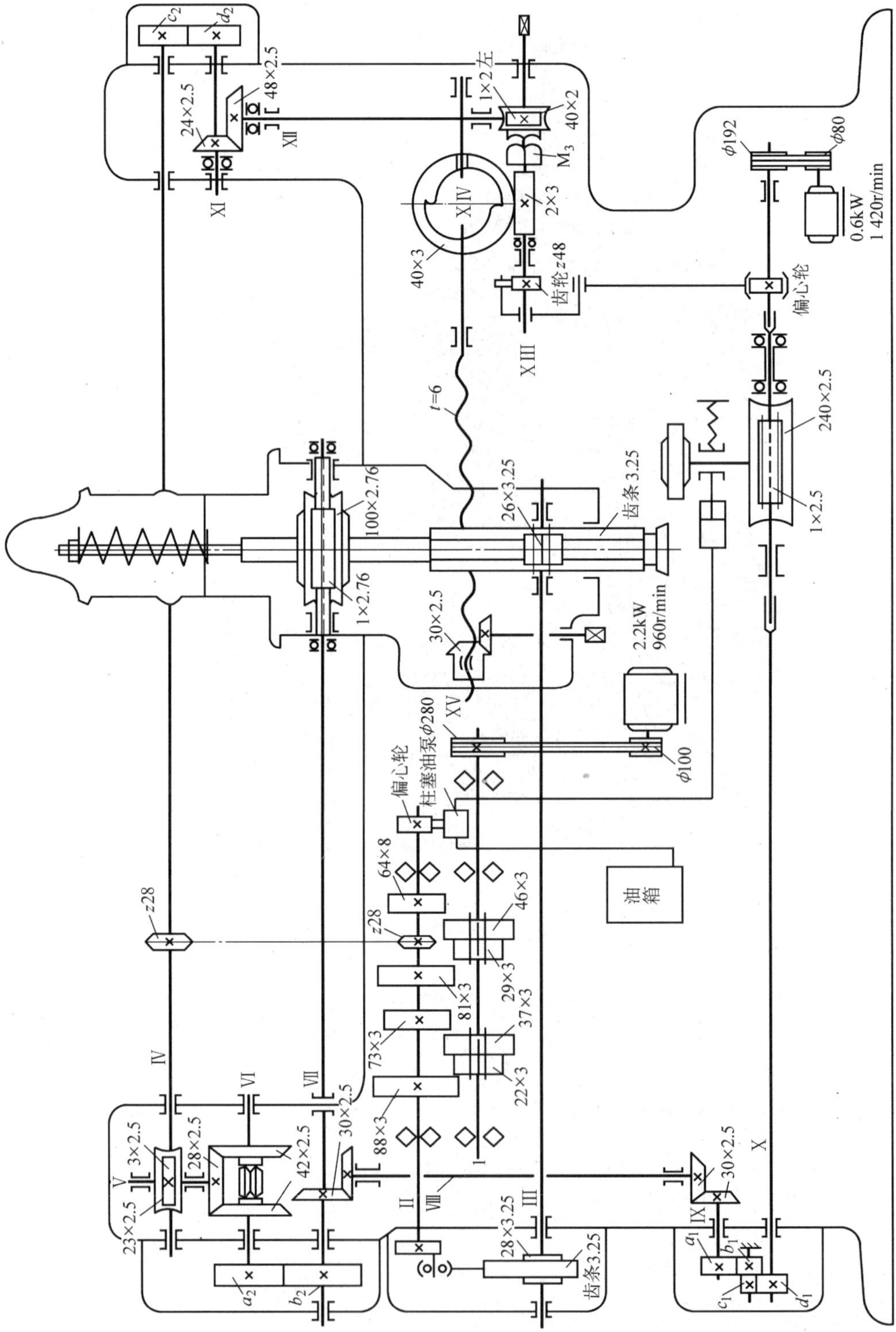


图 6.2 Y54A 型插齿机传动系统

(5)选择插齿刀的双行程数。

(6)调整插齿刀的行程长度(如图6.3)。

(7)按工件调整插齿刀的行程位置。

(8)调整插齿刀的插削深度。

(9)调整分齿挂轮架。分齿挂轮的计算公式为:

$$\frac{a_1c_1}{b_1d_1}=\frac{24z_{刀}}{z_{工}}$$

式中:$z_{刀}$——插齿刀的齿数;

$z_{工}$——被插齿轮的齿数。

(10)选配圆周进给交换齿轮:

$$\frac{a_2}{b_2}=\frac{1\ 150s}{70d_{刀}}$$

式中:$s$——插齿刀每一行程时的圆周进给量;

$d_{刀}$——插齿刀的节圆直径。

(11)选配径向进给交换齿轮。

(12)机床的启动和停止。

Y54A 型插齿机插齿刀行程与位置调整机构如图6.3所示,刀架装配图如图6.4所示,工作台与让刀机构如图6.5所示。

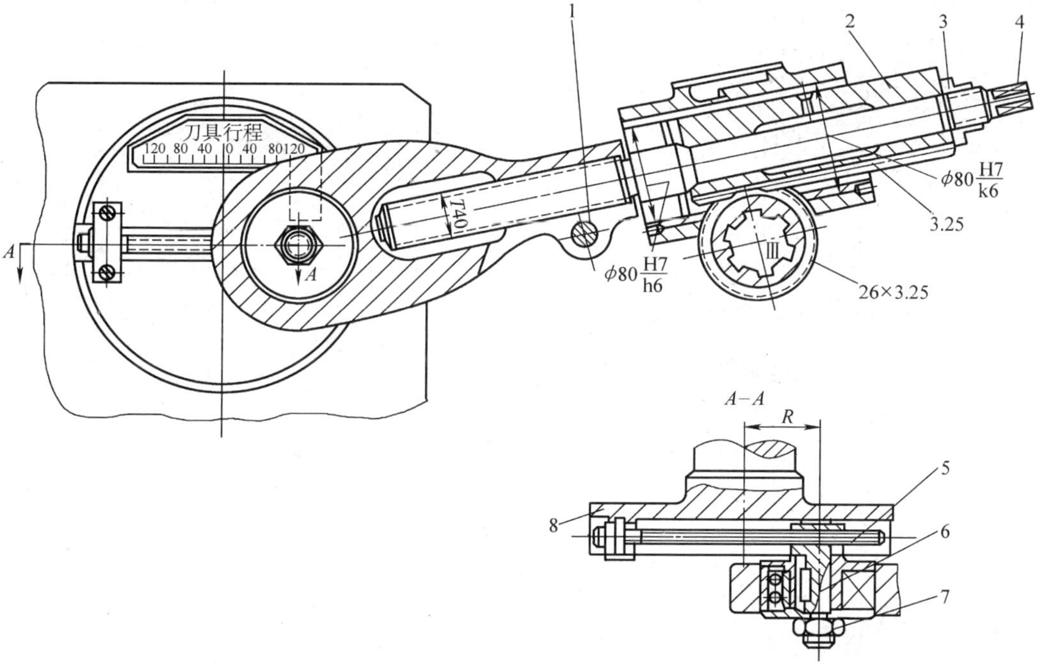


**图6.3　Y54A 型插齿机插齿刀行程长度和位置调整机构**

1—螺钉;2—齿条;3,7—螺母;4,5—丝杠;6—滑动销;8—曲柄盘

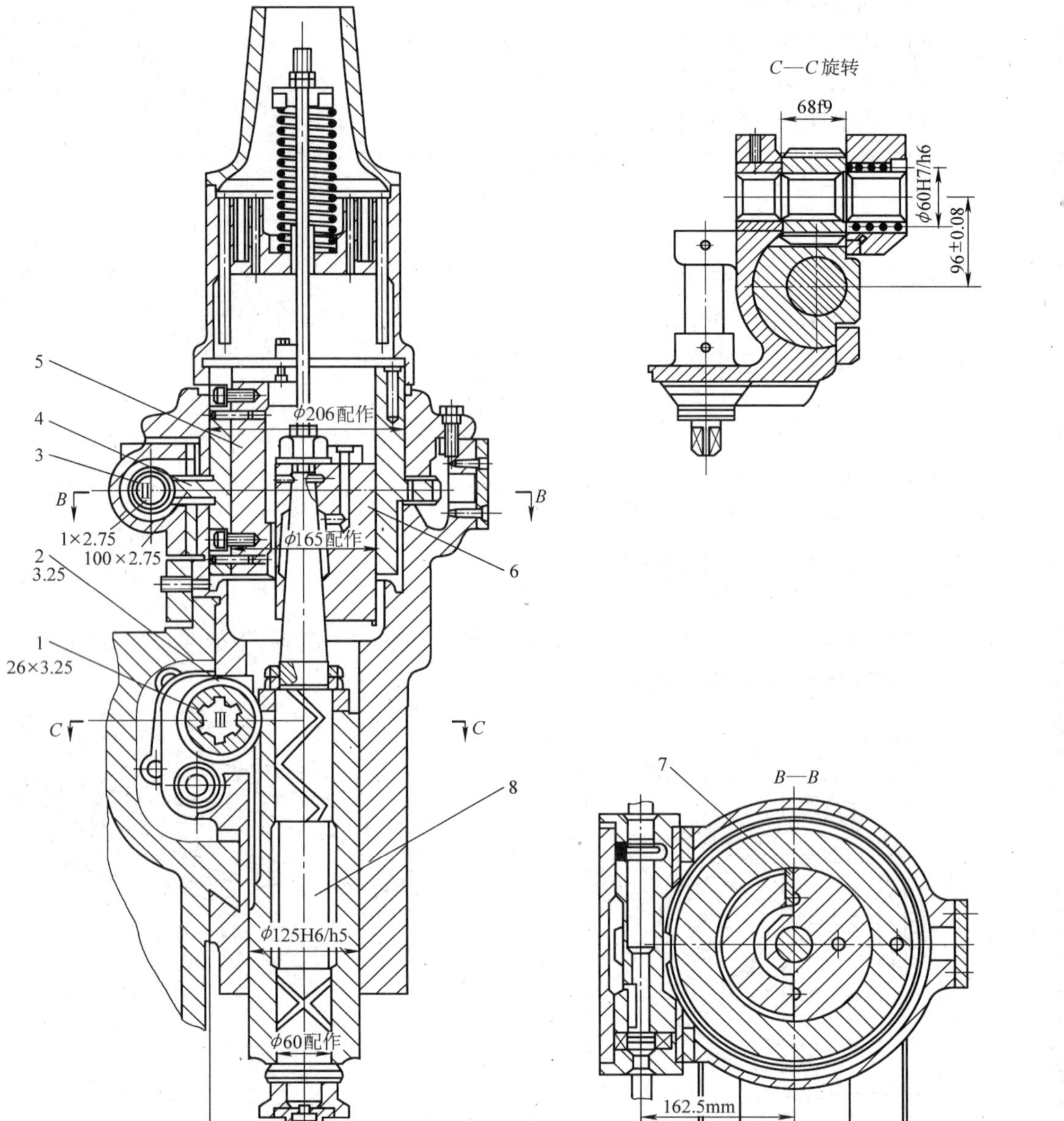


**图 6.4 Y54A 刀架装配图**

1—齿轮;2—齿条;3—蜗杆;4—蜗轮;5,6—半圆导轨;7—塞铁;8—主轴

## 四、思考题

(1) Y38—1 型插齿机与 Y54A 型插齿机在运动上有何区别?

(2)滚齿、插齿在加工工艺上和使用上有何区别?

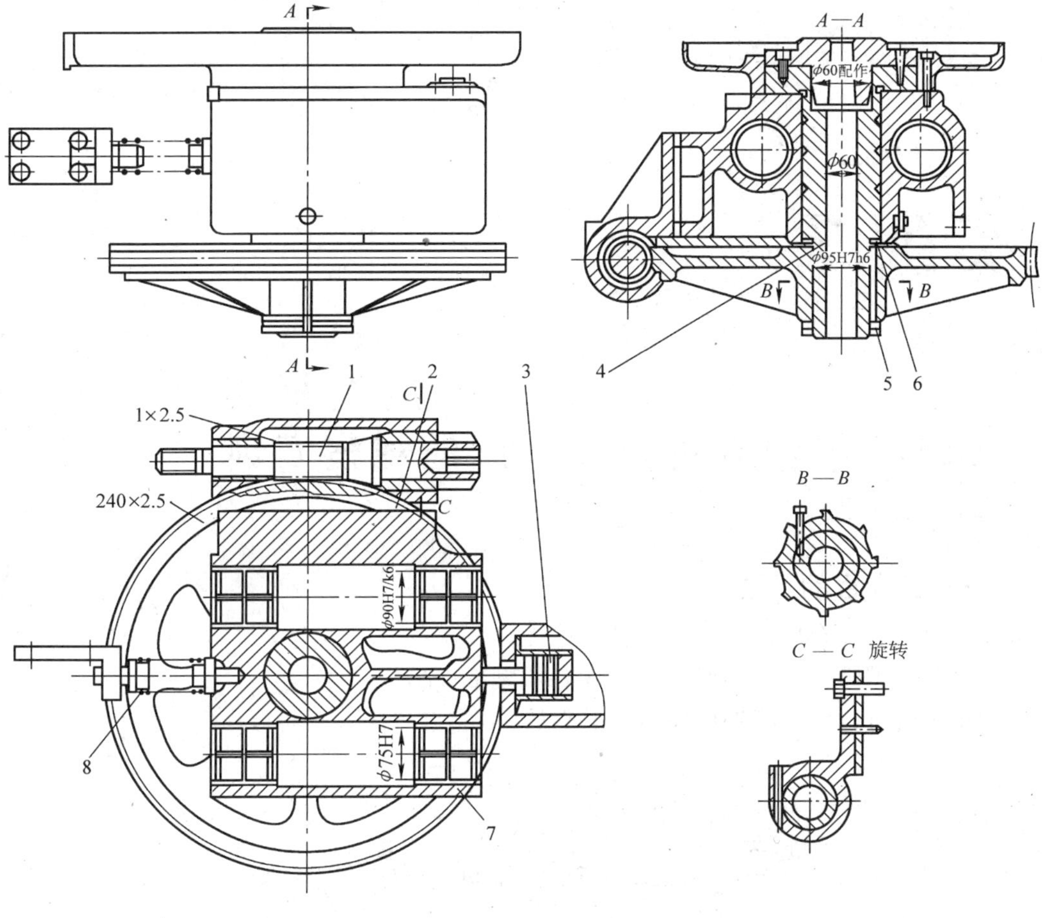


**图 6.5　Y54A 工作台及让刀机构**

1—蜗杆;2—蜗轮;3—油缸;4—主轴;5—锁紧螺母;6—垫片;7—工作台座;8—弹簧

## 五、实训报告

(按 81 页附表完成)

# 实训 7

## C1312 单轴六角自动车床的观察实训

### 一、实训目的及要求

1)掌握自动车床的自动工作循环过程。

2)了解 C1312 单轴六角自动车床各典型部件结构。

单轴转塔自动车床外形如图 7.1 所示。

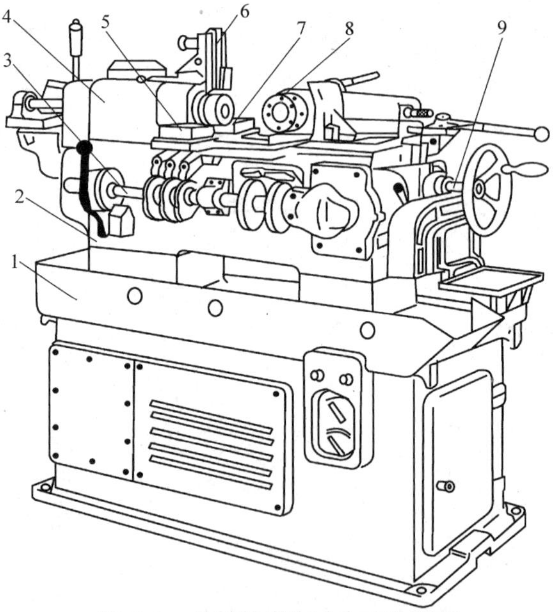


**图 7.1 单轴转塔自动车床外形图**

1—底座;2—床身;3—分配轴;4—主轴箱;

5—前刀架;6—上刀架;7—后刀架;8—转塔刀架;9—辅助轴

## 二、实训设备及仪器

1) C1312 单轴六角自动车床一台,机床附件。
2)刀具、毛坯。
3)典型部件挂图等。

## 三、实训程序

1)分组。
2)观察自动机挂图,了解自动机的内部结构及工作原理。
3)观察 C1312 型单轴六角自动车床的外形(如图 7.1)。
4)观察一个工件的自动循环过程。
5)找出分配轴上的 3 个平板凸轮的安装位置。
6)了解 C1312 型单轴六角自动车床的典型零件加工调整过程。
7)了解 C1312 型单轴六角自动车床的维护和保养方法。

## 四、机床介绍

1)C1312 型单轴六角自动车床传动系统见图 7.2。
2)C1312 型单轴六角自动车床传动与控制系统见图 7.3。
3)C1312 型单轴六角自动车床刀架主要技术参数见图 7.4。
4)C1312 型单轴六角自动车床标准刀夹见图 7.5。
5)C1312 型单轴六角自动车床分配轴安装横刀架凸轮部件的结构见图 7.6。
6)C1312 型单轴六角自动车床定转离合器见图 7.7。
7)C1312 型单轴六角自动车床送料和夹料机构见图 7.8 ~ 图 7.10。
8)C1312 型单轴六角自动车床转塔刀架见图 7.11 ~ 图 7.13。

## 五、实训报告

(按 81 页附表完成)
1)简述 C1312 型单轴六角自动车床加工给定工件时的自动循环过程。
2)根据给定零件填写机床调整卡(表 7.1),并调整机床。
3)设计各刀架凸轮。

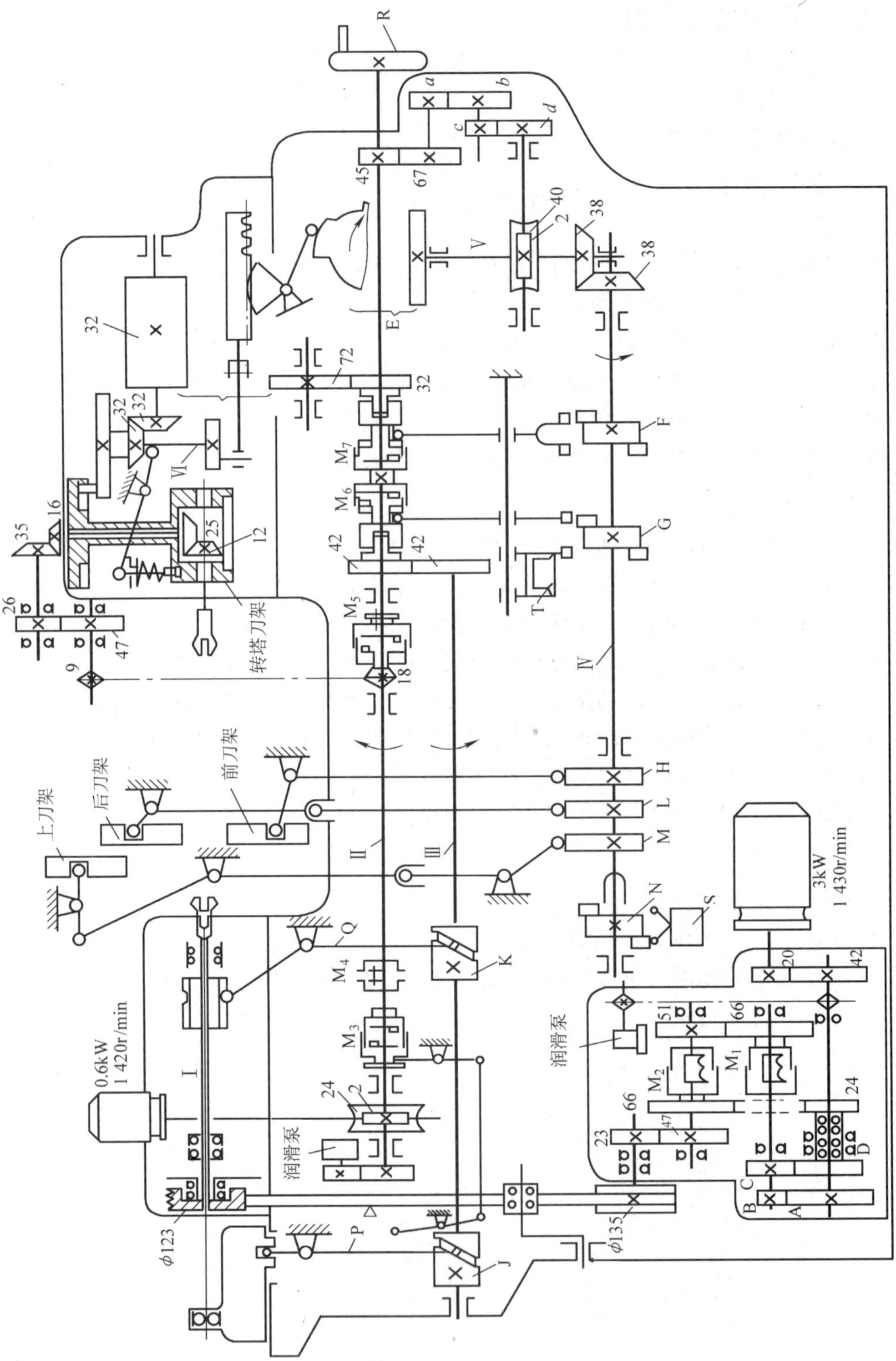


**图 7.2　C1312 型单轴六角自动车床传动系统**

P，O—杠杆；J，K—鼓轮；N，G，F—定时轮；M，L，H，E—凸轮；S—行程开关；R—手柄

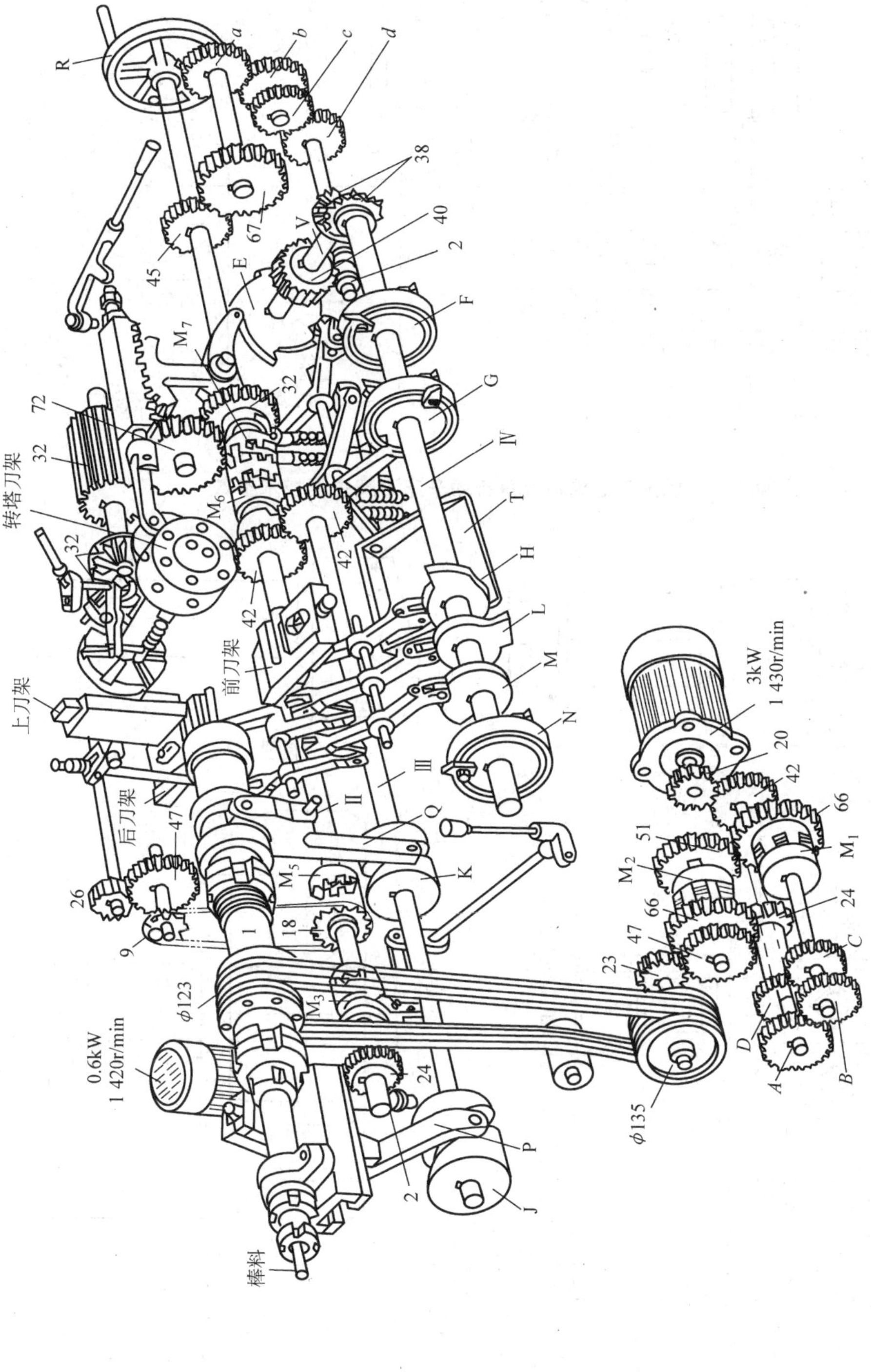


**图 7.3　C1312 型单轴六角自动车床传动与控制系统**

P,O—杠杆;J,K—鼓轮;N,G,F—定时轮;M,L,H,E—凸轮;R—手轮

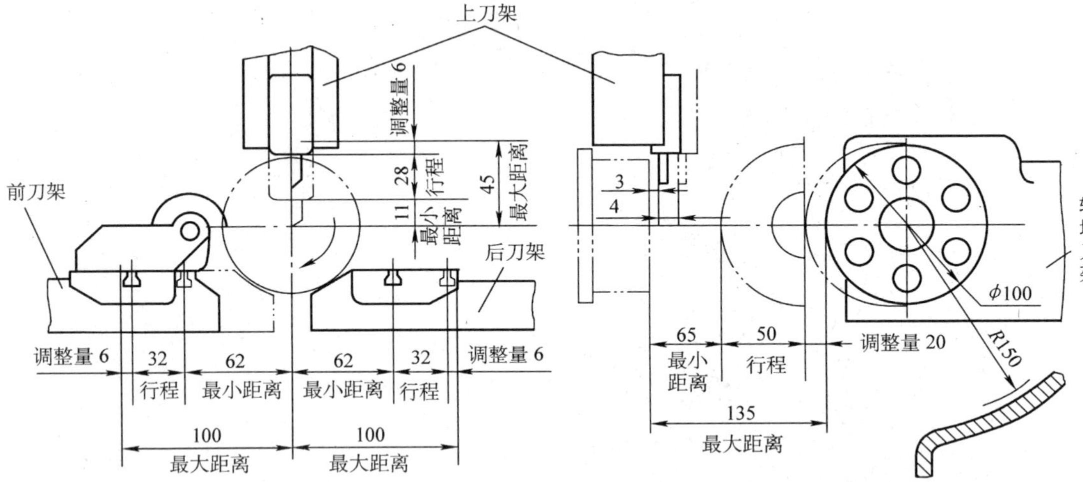


图 7.4　C1312 型单轴六角自动车床刀架主要技术参数

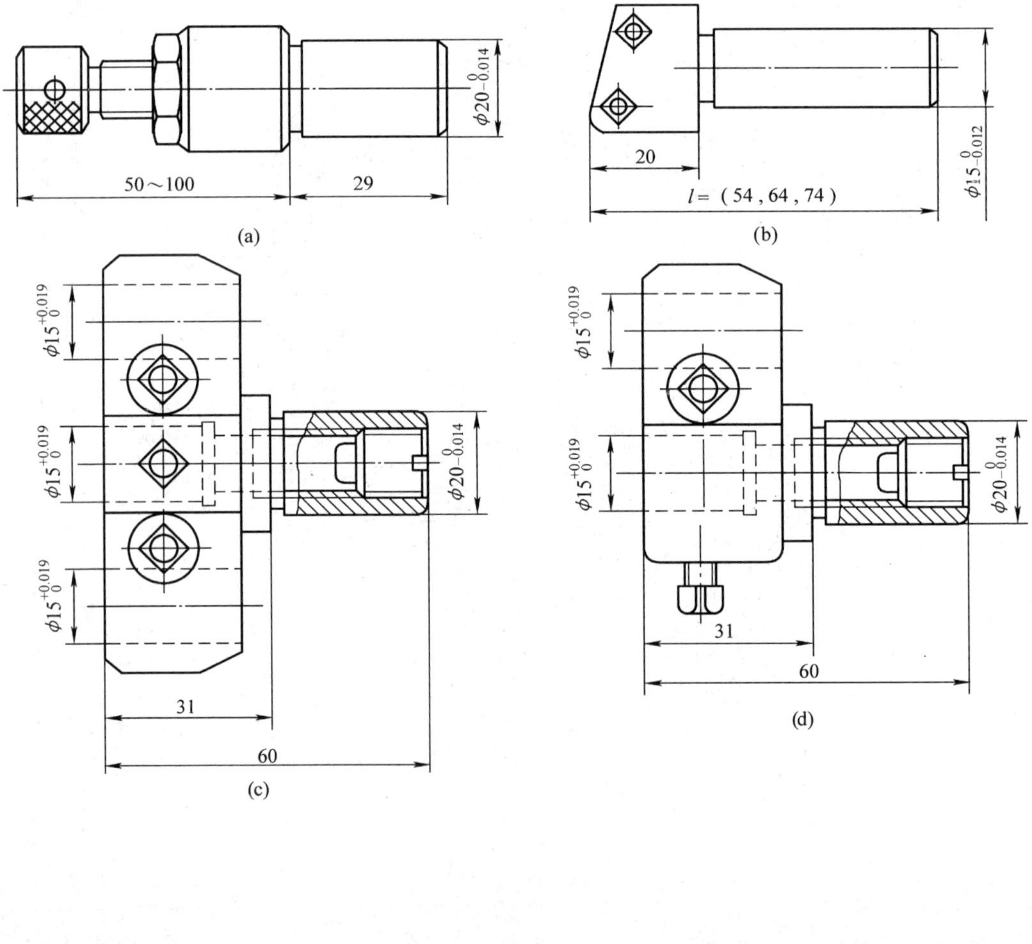

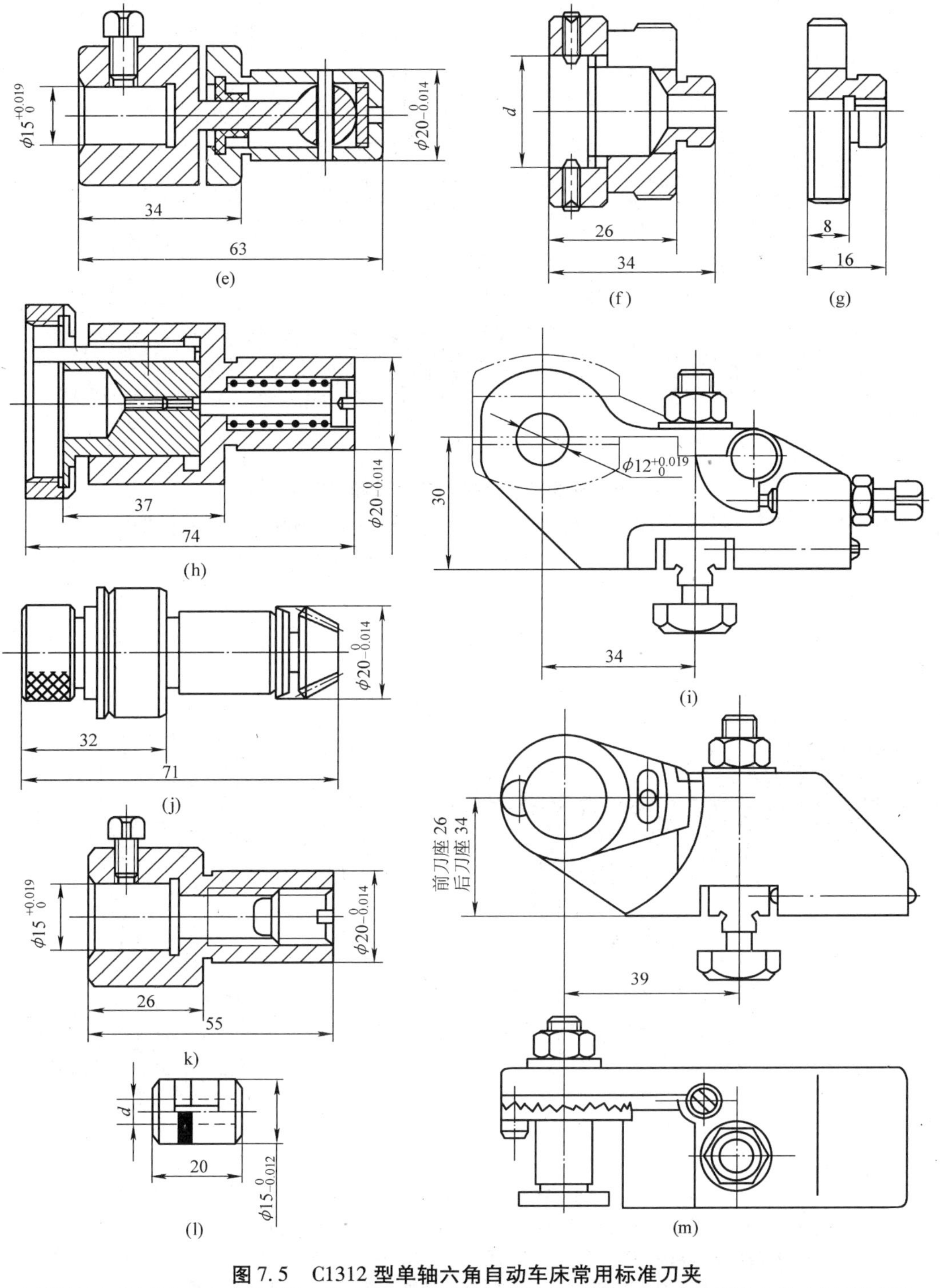


**图 7.5　C1312 型单轴六角自动车床常用标准刀夹**

(a)挡料杆；(b)径向刀夹；(c)可拆式双刀夹；(d)可拆式单刀夹；(e)浮动铰刀杆；(f)板牙卡套；(g)丝锥卡套；(h)丝锥板牙夹套；(i)车刀刀座(前、后刀座对称布置)；(j)高速钻孔夹头(钻头直径 $\phi1 \sim \phi4$)；(k)钻杆；(l)钻头夹套；(m)成形刀座(前、后刀座对称布置)

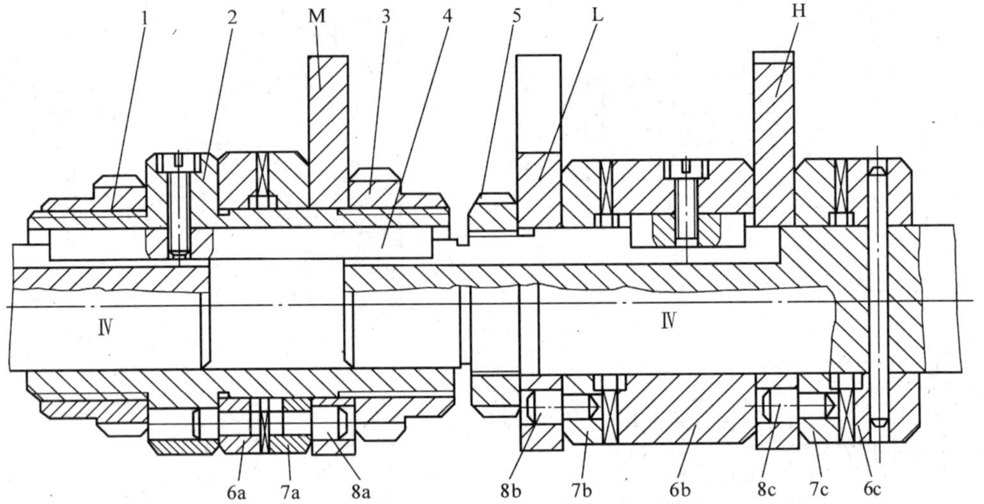


**图 7.6 分配轴安装横刀架凸轮部件的结构**

1,3,5—螺母;2—套筒;4—平键;6—主动端面齿环;7—从动端面齿环;8—定位销;

M,L,H—横刀架凸轮;Ⅳ—分配轴

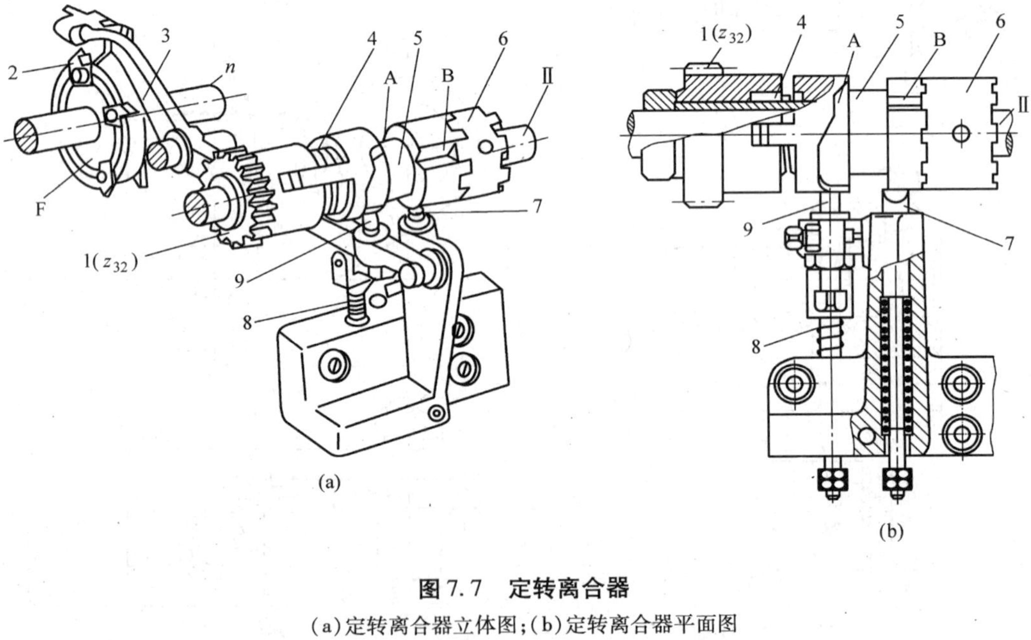


**图 7.7 定转离合器**

(a)定转离合器立体图;(b)定转离合器平面图

1—齿轮($z=32$);2—挡块;3—杠杆;4,8—弹簧;5—离合器移动件;6—离合器主动件;

7—定位销;9—销;Ⅱ—辅助轴;F—定时轮;A—曲线槽;B—定位槽

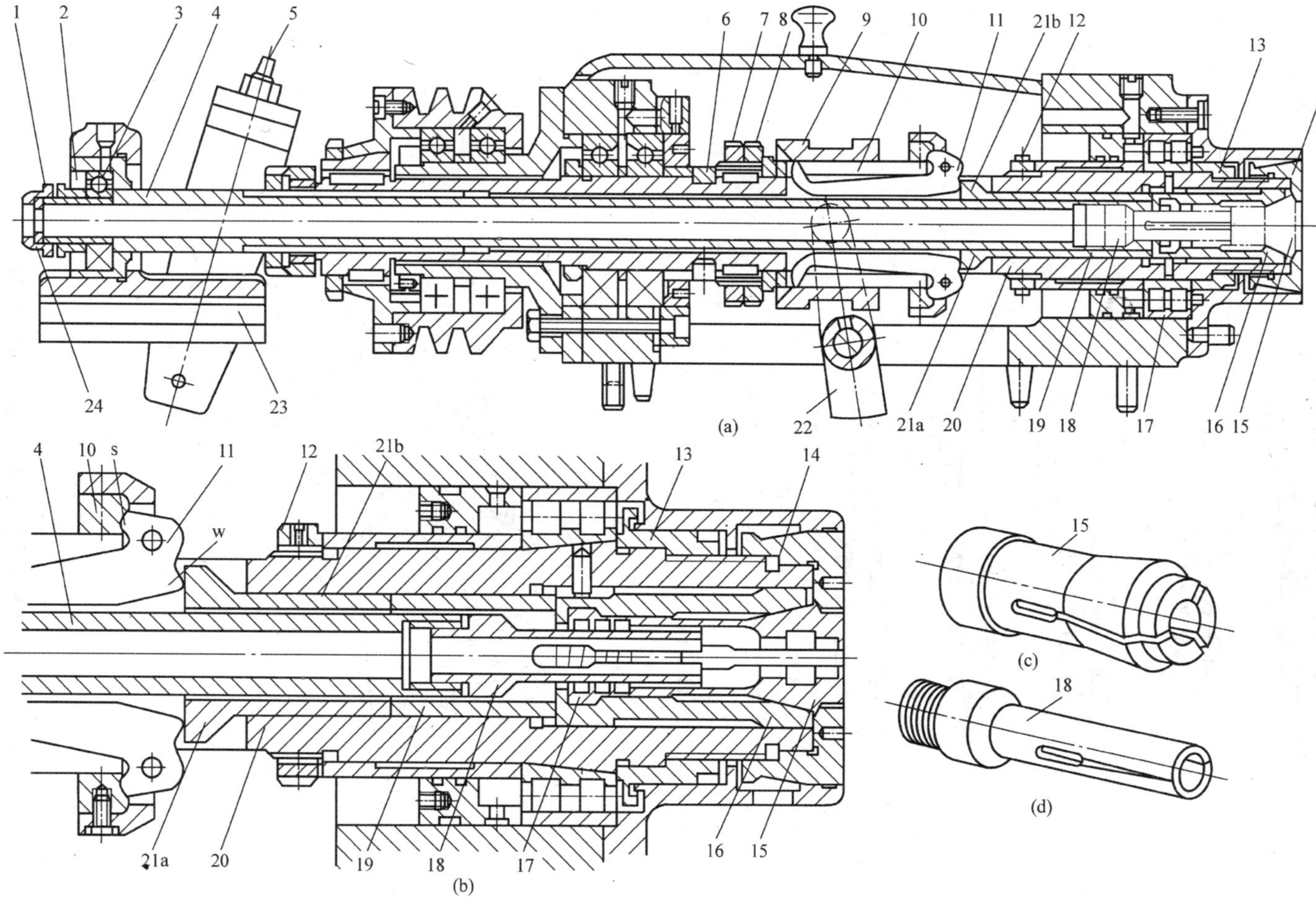


**图7.8 送料和夹料机构**

(a)主轴组件;(b)送夹料机构;(c)夹料夹头;(d)送料夹头

1—后端盖螺帽;2—螺套;3—向心球轴承;4—送料管;5—送料长度调整螺杆;6—剖分半圆挡环;7—锁紧螺母;8—夹紧力调整螺母;9—滑套;10—止推套;11—钩形杠杆(抵块);12,13—主轴前轴承调整螺母;14—前端盖螺帽;15—夹料夹头;16—压紧套;17—弹簧;18—送料夹头;19—推管;20—主轴;21—剖分垫套;22—夹料杠杆;23—送料滑板;24—交换圈

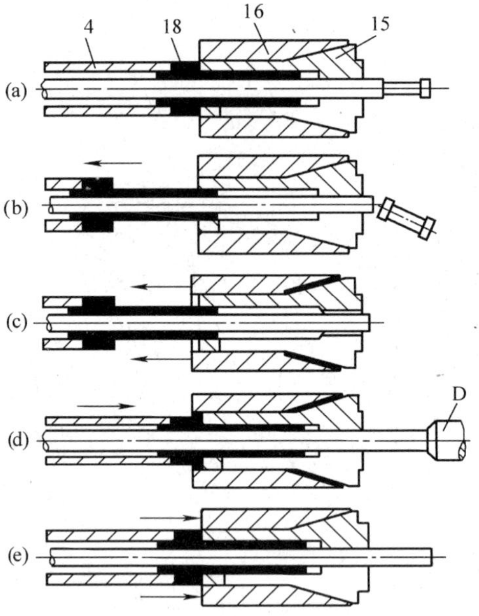


图 7.9 送料和夹料过程

(a)工件加工完毕;(b)送料夹头复位;(c)夹料夹头松夹;(d)送料夹头送料定长;(e)夹料夹头夹紧

4—送料管;15—夹料夹头;16—压紧套;18—送料夹头;D—挡料杆

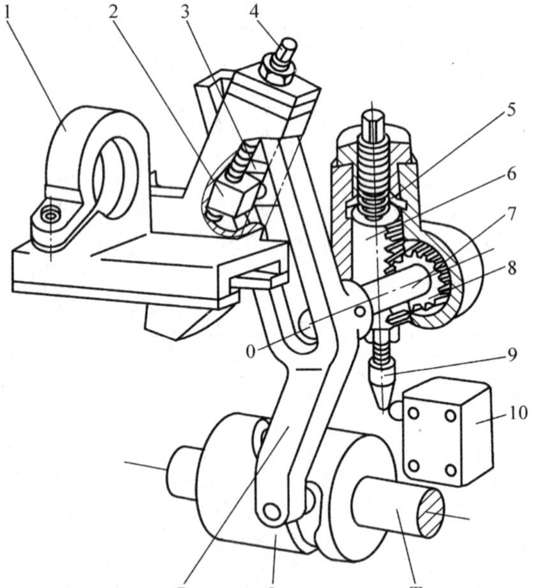


图 7.10 送料长度调整与棒料用完自动停车机构

1—送料溜板;2—螺母;3—滑块;4—送料长度调整螺杆;5—弹簧;6—套筒齿条;7—转轴;8—齿轮;9—触销;10—微动开关;Ⅲ—传动轴;J—送料鼓轮;P—送料杠杆

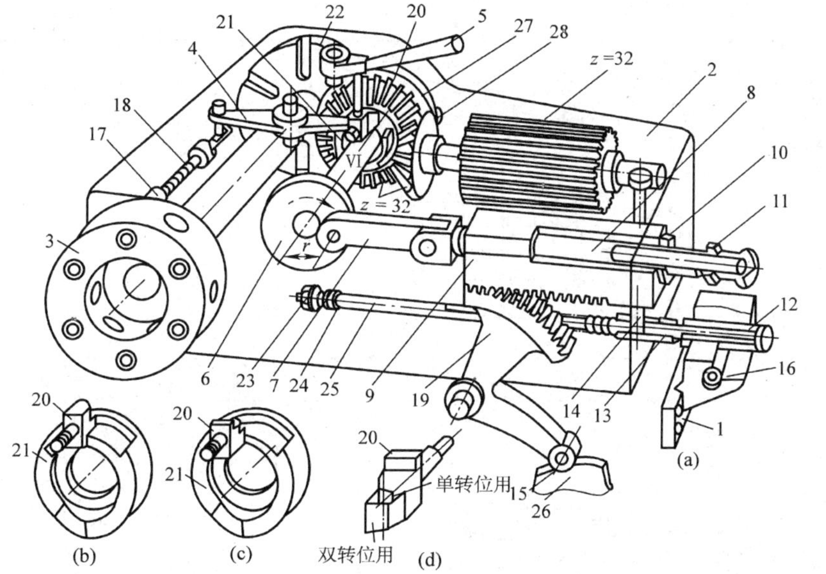


**图7.11　转塔刀架**

(a)转塔刀架结构;(b)单转位;(c)双转位;(d)顶块

1—底座;2—纵向溜板;3—转塔;4—拔销杠杆;5—拔销手柄;6—曲柄;7—连杆;8—心轴;9—齿条;10—锁紧螺母;11—螺纹套筒;12—顶套;13—开槽套;14—柱销;15—滚子;16—锁紧螺钉;17—定位销;18—插销弹簧;19—纵向进给杠杆;20—顶块;21—端面凸轮;22—槽轮;23—螺母;24—刀架复位弹簧;25—导杆;26—纵向进给凸轮;27—拨盘;28—拨销

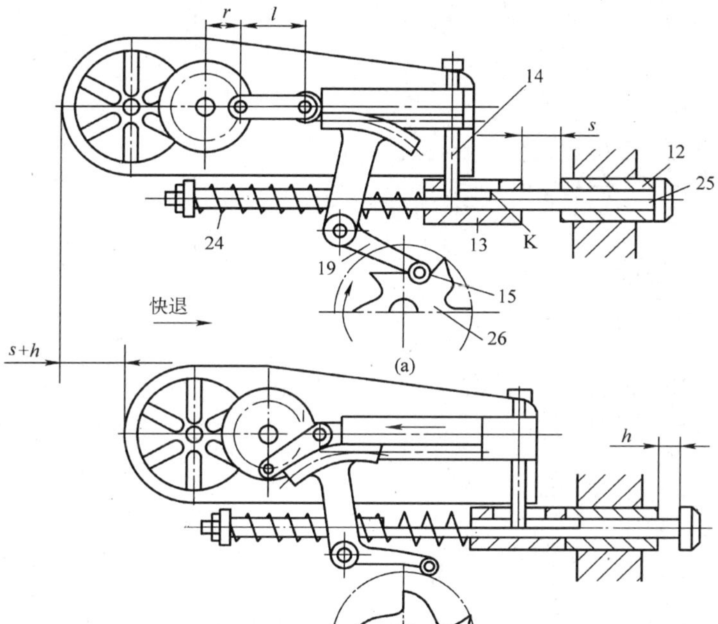


**图7.12　转塔刀架快退机构工作原理**

(a)快退开始时情况;(b)快退结束时情况

$s$—转塔刀架快退距离;$h$—快退缓冲距离

(其他图注同图7.11)

**表 7.1 机床调整**

| 零件图 | | | 工步序号 | 工步名称 |
|---|---|---|---|---|
| 名称 | 螺套 | 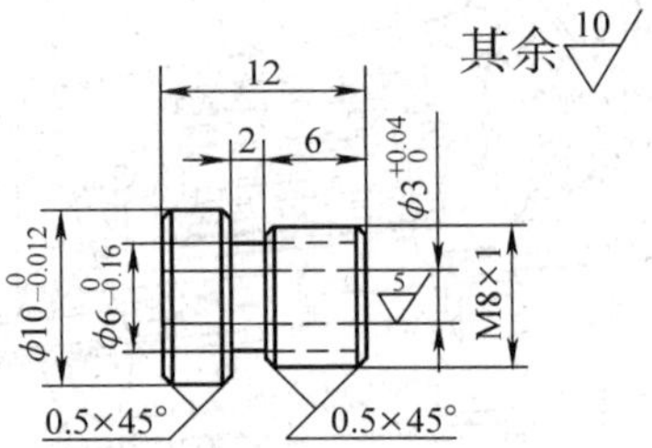 | | |
| 材料 | 黄铜 | | | |
| 直径 | $\phi$12 | | | |

| 加工简图 | I | II |
|---|---|---|
| 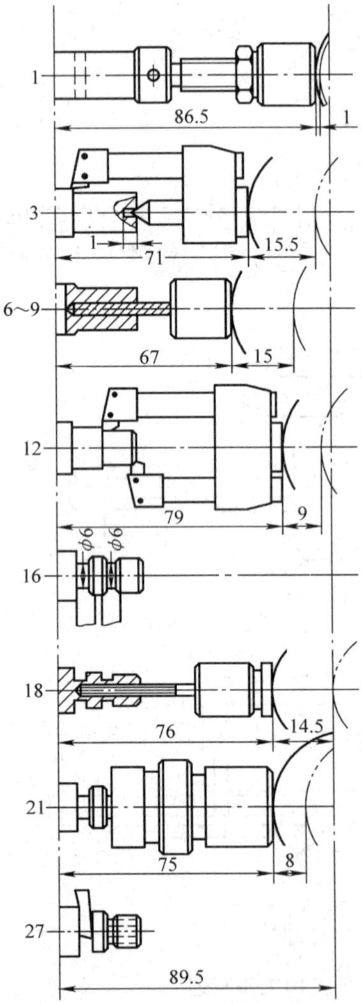 | 1 | 送夹料,定长 |
| | 2 | 回转刀架换位 |
| | 3 | 车 $\phi$10 外圆,转中心孔 |
| | 4 | 回转刀架快退 |
| | 5 | 换位 |
| | 6 | 高速钻孔 $\phi$2.9:第一次进给 |
| | 7 | 快退 |
| | 8 | 快进 |
| | 9 | 第二次进给 |
| | 10 | 回转刀架快退 |
| | 11 | 换位 |
| | 12 | 车 M8 ×1 外圆,倒角 0.5 × |
| | 13 | 45° |
| | 14 | 回转刀架快退 |
| | 15 | 换位 |
| | 16 | 前刀架快进 |
| | 17 | 成形切槽 |
| | 18 | 快退 |
| | 19 | 铰孔 $\phi$3 |
| | 20 | 回转刀架快退 |
| | 21 | 换位,主轴反转 |
| | 22 | 套外螺纹 M8 ×1 |
| | 23 | 主轴正转 |
| | 24 | 退出板牙 |
| | 25 | 回转刀架换位 |
| | 26 | 停留 |
| | 27 | 上刀架快进 |
| | 28 | 切断工件 |
| | | 快退 |
| | | 总计 |
| | 生产率 $Q$/(件 · $min^{-1}$) | 2 |
| | 单件工时 $t$/s | 30 |

## 卡片

| 主轴转速 $n$ /(r/min) | 切削速度 $v$ /(m/min) | 工作行程 $L$ /mm | 进给量 $f$ /(mm/r) | 设计凸轮曲线数据 | | | | | | | | |
|---|---|---|---|---|---|---|---|---|---|---|---|---|
| | | | | 工作行程(b1) | | 空行程(b空) | | 格数 | | 半径 | | 凸轮 |
| | | | | 占用格数 | 非重合格数 | 占用格数 | 非重合格数 | 自(格) | 至(格) | 自(mm) | 至(mm) | |
| Ⅲ | Ⅳ | Ⅴ | Ⅵ | Ⅶ | Ⅷ | Ⅸ | Ⅹ | Ⅺ | Ⅻ | XⅢ | XⅣ | XⅤ |
| | | | | | | | | | | | | |

| 主轴箱配换齿轮 | | | | 分配轴配换齿轮 | | | |
|---|---|---|---|---|---|---|---|
| $A$ | $B$ | $C$ | $D$ | $a$ | $b$ | $c$ | $d$ |
| | | | | | | | |

| 凸轮 | 刀夹 | 刀具 |
|---|---|---|
| 转塔刀架凸轮 E | | |
| 前刀架凸轮 H | | |
| 上刀架凸轮 M | | |
| | | |

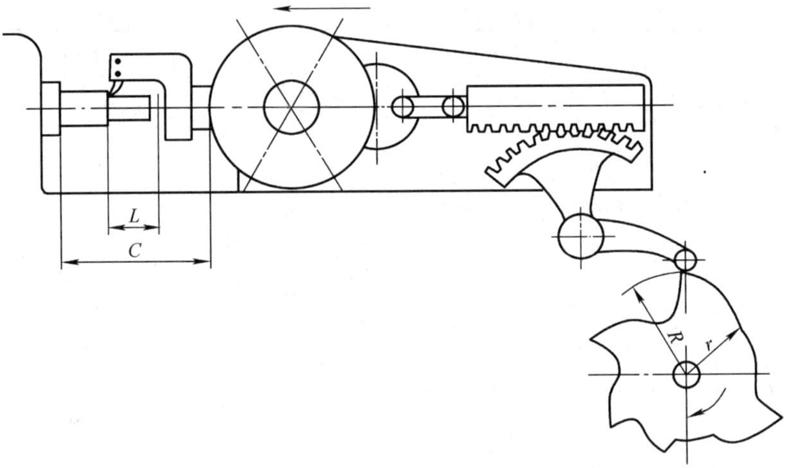


图 7.13　凸轮半径与转塔刀架位置的关系

# 实训 8

## CA6140 型普通车床几何精度检验

### 一、实训目的

熟悉机床几何精度检验的内容、原理、方法、步骤和实训仪器的使用，以及实训数据的处理，误差曲线的绘制。

### 二、实训设备和仪器

1）CA6140 型普通车床 1 台。

2）0.02/1000 框式水平仪 1 只。

3）千分表及表架 1 套。

4）莫氏 6 号检验棒 1 根。

5）钢尺 1 把。

### 三、实训方法与步骤

原机械工业部机床专业标准规定，普通车床的几何精度检验项目有 G1 ~ G15 共 15 项，工作精度有 P1 ~ P3 共 3 项，见表 8.1。表 8.1 为最大工件回转直径 $D_a$≤800 mm、最大工件长度 500 mm≤$D_c$≤1 000 mm 的卧式车床的精度标准。本次实训选取其中的检验项目 G1a）、G1b）、G4a）、G6a）、G6b）。

**表 8.1　卧式车床精度标准**

| 序号 | 检验项目 | 允差/mm |
|---|---|---|
| G1 | A——床身<br>a）纵向：导轨在垂直平面内的直线度<br>b）横向：导轨应在同一平面内 | a）0.02（只许凸起），任意 250 长度上局部公差① 为 0.007 5<br>b）0.04/1 000 |

续表

| 序号 | 检验项目 | 允差/mm |
|---|---|---|
| G2 | B——溜板<br>溜板移动在水平面内的直线度 | 0.02 |
| G3 | 尾座移动对溜板移动的平行度<br>a)在垂直平面内<br>b)在水平面内 | a)和b)0.03,任意500长度上局部公差为0.02 |
| G4 | C——主轴<br>a)主轴的轴向窜动<br>b)主轴轴肩支承面的跳动 | a)0.01<br>b)0.02 |
| G5 | 主轴定心轴颈的径向跳动 | 0.01 |
| G6 | 主轴轴线的径向跳动<br>a)靠近主轴端面<br>b)距主轴端面$\frac{D_a}{2}$或不超过300 mm | a)0.01<br>b)在300测量长度上为0.02 |
| G7 | 主轴轴线对溜板移动的平行度<br>a)在垂直平面内<br>b)在水平面内 | a)0.02/300(只许向上偏)<br>b)0.015/300(只许向前偏) |
| G8 | 顶尖的跳动 | 0.015 |
| G9 | D——尾座<br>尾座套筒轴线对溜板移动的平行度<br>a)在垂直平面内<br>b)在水平面内 | a)0.015/100(只许向上偏)<br>b)0.01/100(只许向前偏) |
| G10 | 尾座套筒锥孔轴线对溜板移动的平行度<br>a)在垂直平面内<br>b)在水平面内 | a)0.03/300(只许向上偏)<br>b)0.03/300(只许向前偏) |
| G11 | E——两顶尖<br>床头和尾座两顶尖的等高度 | 0.04(只许尾座高) |
| G12 | F——小刀架<br>小刀架移动对主轴轴线的平行度 | 0.04/300 |
| G13 | G——横刀架<br>横刀架横向移动对主轴轴线的垂直度 | 0.02/300(偏差方向$\alpha \geqslant 90°$) |
| G14 | H——丝杠<br>丝杠的轴向窜动 | 0.015 |
| G15 | 从主轴到丝杠间传动链的精度 | a)任意300测量长度上为0.04<br>b)任意60测量长度上为0.015 |
| P1 | 精车外圆<br>a)圆度<br>b)圆柱度 | 在300长度上为:<br>a)0.01<br>b)0.03(锥度只能大直径靠近床头端) |
| P2 | 精车端面的平面度 | 300直径上为0.02(只许凹) |
| P3 | 精车螺纹的螺距误差 | a)300测量长度上为0.04<br>b)任意50测量长度上为0.015 |

注:在导轨两端1/4测量长度上的局部公差可以加倍。

1. 检验溜板纵向移动在垂直平面内的直线度

1）检验方法：如图8.1所示，将水平仪纵向放置在溜板上靠近与床身结合的前导轨处（位置Ⅰ），从刀架处于主轴箱一端的极限位置开始，自左向右依此移动溜板，并与床身导轨平行摇动，溜板箱手轮移动溜板，每隔250 mm记录一次水平仪读数。在溜板全部行程内检验，将水平仪的读数依次排列，画出溜板运动曲线。因规定导轨只许凸起，故在每小段行程上的运动曲线与它的两端点连线间的最大坐标值，就是每小段行程上的直线度误差；在全部行程上的运动曲线与它两端连线间的最大坐标值，就是全行程上的直线度误差。

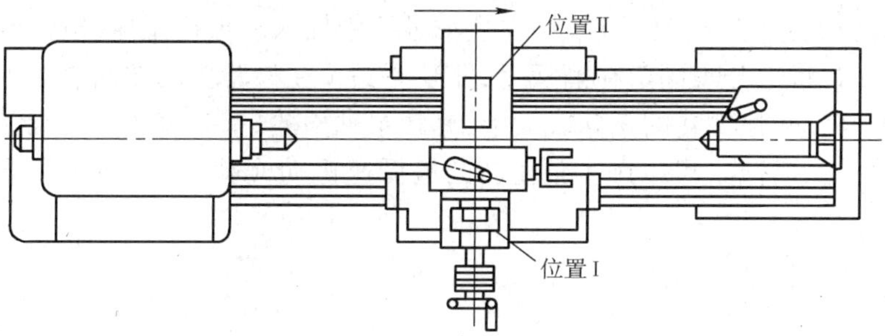


**图8.1　床身导轨在垂直平面内的直线度和在同一平面内的检验**

2）允差（mm）：每小段行程上0.02，全部行程上0.04，导轨只许中部凸起。

3）实差（mm）。

4）结论。

5）画溜板运动曲线如下。

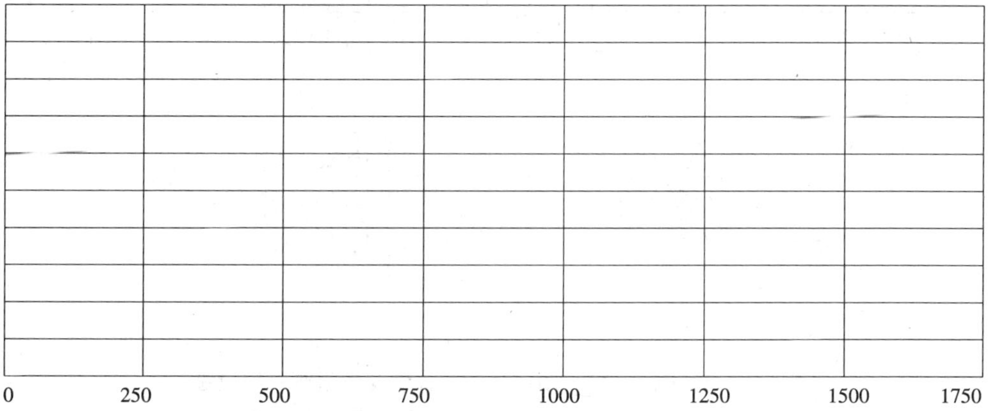


2. 检验溜板移动时的倾斜度

1）检验方法：如图8.1所示，将水平仪放在溜板上并与导轨垂直（位置Ⅱ），纵向等距离移动溜板，每隔250 mm记录一次水平仪读数，在溜板全部行程上检验，水平仪在每小段行程上读数的最大代数差，就是倾斜度误差（0.02/1 000的水平仪，每一格读数为0.02）。（注意：倾斜误差是以任意位置的最大代数差计算的，必要时可在溜板上倾斜度误差较大的位置处再检验一次。)

2)允差(mm):每个局部行程上0.03/1 000;全部行程上0.04/1 000。

3)实差(mm)。

4)结论。

5)测量记录如下:

| 溜板行程累计 | 0 | 250 | 500 | 750 | 1 000 | 1 250 | 1 500 |
|---|---|---|---|---|---|---|---|
| 水平仪读数 | | | | | | | |

3. 检验主轴的轴向窜动

1)检验方法:如图8.2(c)所示,在主轴锥孔中插入一根检验棒,检验棒端部中心孔内放一钢球,将千分表固定在溜板上,使其测头顶在检验棒的端面靠近中心的地方或顶在放入检验棒顶尖孔的钢球表面上,旋转主轴检验,千分表读数的最大差值就是轴向窜动误差。(注意:可以用主轴正转的最低速机动检验,在这种情况下必须注意人和设备的安全。)

2)允差:0.01 mm。

3)实差。

4)结论。

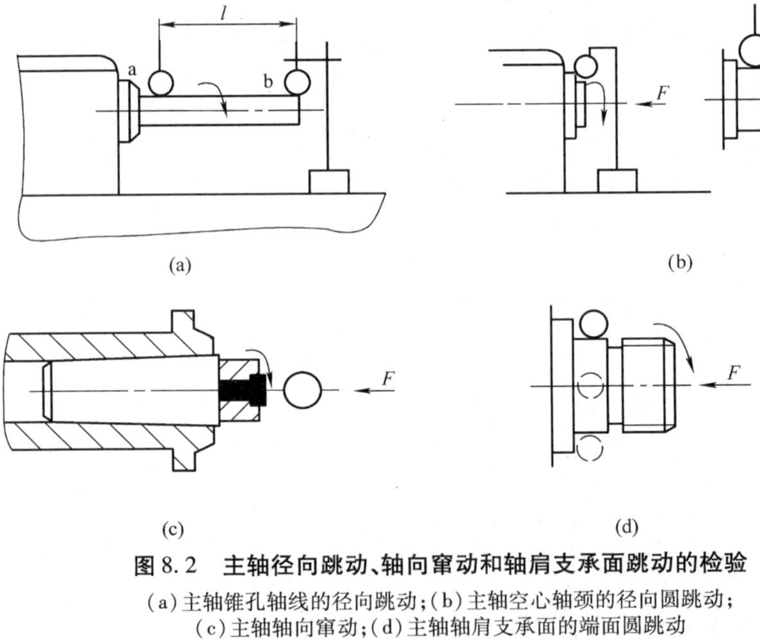


**图8.2 主轴径向跳动、轴向窜动和轴肩支承面跳动的检验**

(a)主轴锥孔轴线的径向跳动;(b)主轴空心轴颈的径向圆跳动;
(c)主轴轴向窜动;(d)主轴轴肩支承面的端面圆跳动

4. 检验主轴锥孔中心线径向跳动

1)检验方法:在主轴锥孔中插入一根检验棒,将千分表固定在溜板上,使其测头顶在检验棒的上母线,旋转主轴,分别在靠近主轴端部的a处和距主轴端面$\frac{D_a}{2}$或不超过300 mm的b处进行检验(图8.2(a)),根据a、b处的误差分别计算千分表读数的最大差值就是径向跳动误差。(注意:为了消除检验的误差,首次检验时用粉笔在主轴和检验棒上面画个记号,拔出检验棒,相对主轴锥孔旋转180°进行检验,然后,再旋转90°插入测量,最后,再旋转180°进行检验,一般检验4次,误差以4次测量结果的平均值作为径向跳动量,两处误差分别计算。)

2)允差(mm):a处为0.01,b处为0.02。

3)实测(mm):a处为____;b处为________。

4)结论。

## 四、水平仪简介

水平仪有条形、框式、合象等几种,它们的主要部分是一个封闭的弧形玻璃管,固定在水平仪体内,如图8.3所示。玻璃管的弧形上壁具有一定曲率半径(约10 m)其外表有间距与内壁曲率半径对应的刻线,管内装有乙醚或酒精,其中留有一气泡,由于玻璃管内液面始终是水平的,而气泡总是处在最高位置,因此水平仪倾斜时,气泡便相对玻璃管移动,根据气泡移动方向和移过格数可以测量出被测平面的倾斜方向和角度,水平仪上的刻度值表示被测面的斜率,例如刻度值为0.02/1 000的水平仪,其气泡移动一格,相当于被测平面在1 m长度上两端的高度差为0.02 mm,如图8.4(a)所示。用水平仪进行测量时,为了得到比较准确的结果,需要将被测面分成若干段,每段被测长度小于1 m,为此,必须对水平仪的刻度值进行换算。如图8.4(b)所示,若被测面的一段长度为$L$(mm),水平仪的刻度值为0.02/1 000,则气泡移动一格时,被测面在该段长度两端的高度差为

$$h=\frac{0.02}{1\ 000}L(\mathrm{mm})$$

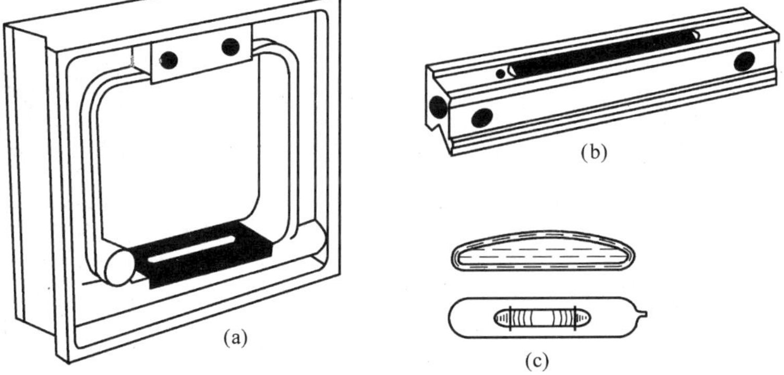


**图8.3　水平仪**

(a)框式水平仪;(b)条形水平仪;(c)弧形玻璃管

写成一般的通式则为

$$h = nkL$$

式中：$k$——水平仪刻度值；

$n$——水平仪读数，即气泡移动格数。

水平仪读数的符号，习惯上规定：气泡移动方向和水平仪移动方向相同时为正值，相反则为负值。

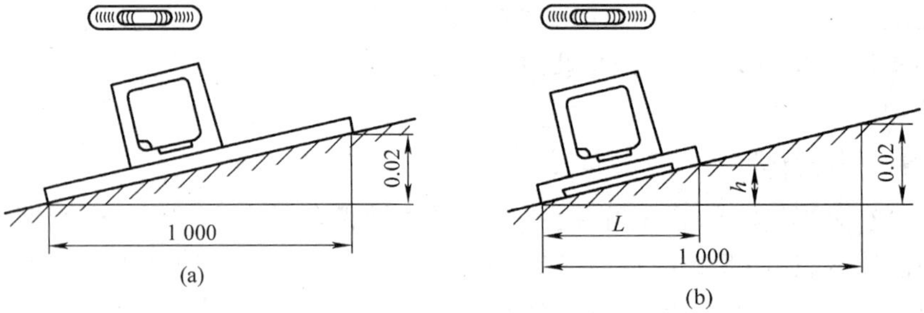


**图 8.4 水平仪刻度值的几何意义**

(a)标准；(b)测量长度

卧式车床机床误差对加工精度的影响见表 8.2 所示，卧式车床精度标准见表 8.3，卧式铣床精度标准见表 8.4。

**表 8.2 卧式车床机床误差对加工精度的影响**

| 序号 | 机床误差 | 对加工精度的影响 | 加工误差简图 |
|---|---|---|---|
| 1 | 床身导轨在垂直平面内的直线度误差 | 车内、外圆时，刀具纵向移动过程中高低位置发生变化，影响工作母线的直线度，但影响较小 | 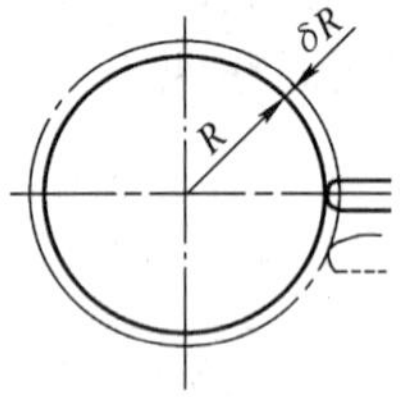 |
| 2 | 导轨在同一平面内的误差 | 车内、外圆时，刀具纵向移动过程中前后摆动，影响工作母线的直线度，影响较大 | 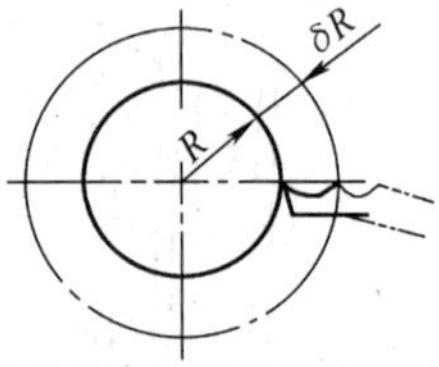 |
| 3 | 溜板移动在水平面内的直线度误差 | 车内、外圆时，刀具纵向移动过程中前后位置发生变化，影响工作母线的直线度，影响很大 | 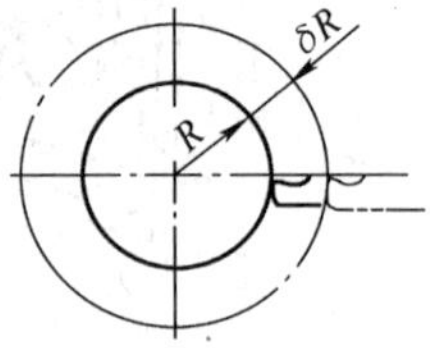 |
| 4 | 主轴轴线的径向跳动 | 用前后顶尖支承工件车削外圆时，影响工件截面的圆度、加工表面与顶尖孔的同轴度、多次装夹中加工出的各表面的同轴度 | |

续表

| 序号 | 机床误差 | 对加工精度的影响 | 加工误差简图 |
| --- | --- | --- | --- |
| 5 | 主轴定心轴颈的径向跳动 | 用卡盘夹持工件车削内、外圆时，影响工件截面的圆度、加工表面与夹持面的同轴度、多次装夹中加工出的各表面的同轴度；钻、扩、铰孔时引起孔径扩大 | 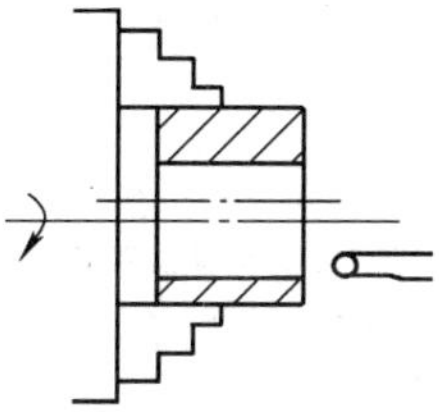 |
| 6 | 主轴的轴向窜动 | 车削端面时，影响工件端面的平面度；车削螺纹时，影响螺距精度；精车外圆时，影响加工表面粗糙度 | 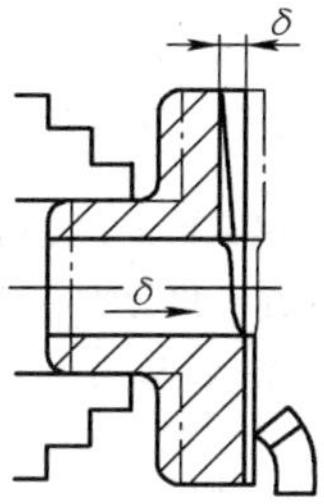 |
| 7 | 主轴轴肩支承面的跳动 | 卡盘或其他夹具装在主轴上时将发生歪斜，影响被加工面与基准面之间的位置精度，如内、外圆同轴度，内、外圆对端面的垂直度等 | 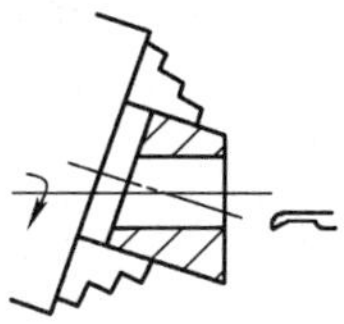 |
| 8 | 主轴轴线对溜板移动的平行度误差 | 用卡盘或其他夹具夹持工件（不用尾座上的顶尖支承）车削内、外圆时，刀具移动方向与工件旋转轴线在水平面内的平行度误差，使工件产生锥度；在垂直平面内的平行度误差，影响工件母线的直线度 | 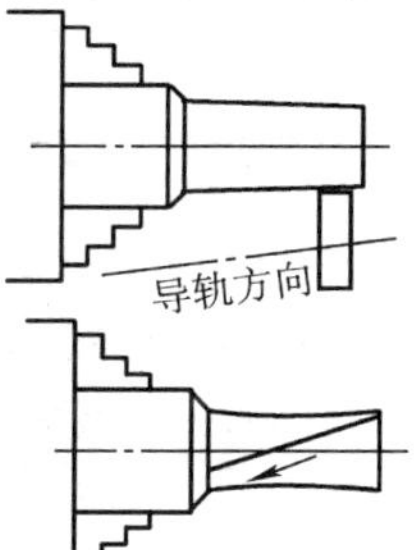 |
| 9 | 小刀架移动对主轴轴线的平行度误差 | 用小刀架（刀架溜板）进给车削圆锥面时，影响工件母线的直线度 | 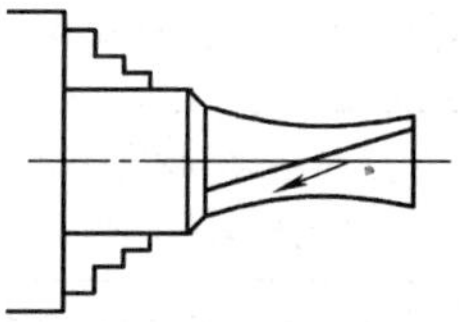 |

**续表**

| 序号 | 机床误差 | 对加工精度的影响 | 加工误差简图 |
|---|---|---|---|
| 10 | 床头和尾座两顶尖的等高度误差 | 用前、后顶尖支承工件车外圆时，刀具移动轨迹与工件旋转轴线间将产生平行度误差，影响工件母线的直线度；用装在尾座套筒锥孔中的孔加工刀具进行钻、扩、铰孔时，刀具轴线与工件旋转轴线间产生同轴度误差（平行偏移），引起被加工孔孔径扩大 |  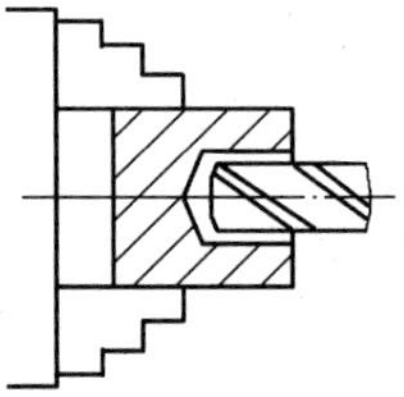 |
| 11 | 尾座套筒锥孔轴线对溜板移动的平行度误差 | 用装在尾座套筒锥孔中的刀具进行钻、扩、铰孔时，刀具轴线与工件旋转轴线间产生同轴度误差（偏斜），使被加工孔的孔径扩大，并产生喇叭形 | 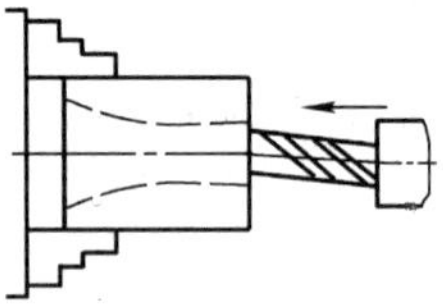 |
| 12 | 尾座套筒轴线对溜板移动的平行度误差 | 用装在尾座套筒锥孔中的刀具进行钻、扩、铰孔时，刀具进给方向与工件旋转轴线不重合，引起被加工孔的孔径扩大和产生喇叭形；用前、后顶尖支承工件车削外圆时，影响工件母线的直线度 | 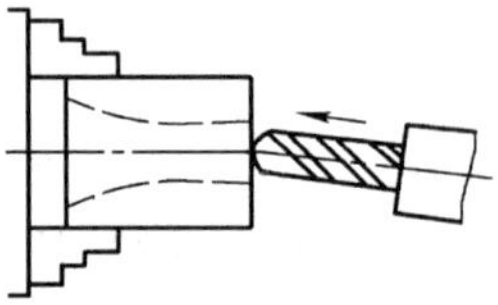 |
| 13 | 尾座移动对溜板移动的平行度误差 | 尾座移至床身上不同纵向位置时，尾座套筒锥孔轴线与主轴轴线会产生等高度误差，影响钻、扩、铰孔以及用前、后顶尖支承工件车削外圆时的加工精度 | |
| 14 | 横刀架横向移动对主轴轴线的垂直度误差 | 车端面时影响工件端面的平面度 | 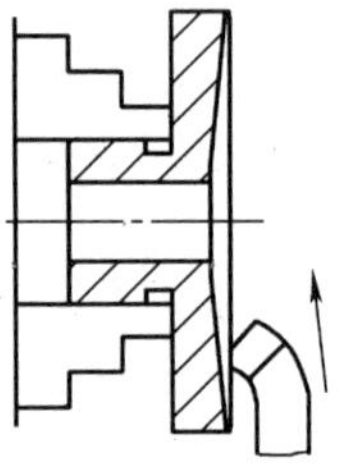 |
| 15 | 丝杠的轴向窜动 | 刀具随刀架纵向进给时将产生纵向窜动，影响被加工螺纹的螺距精度 | |
| 16 | 从主轴到丝杠间的传动链传动误差 | 主轴和刀架间不能保持准确的运动关系，影响被加工螺纹的螺距精度 | |

注：表中所列的各项机床误差，凡对车内、外圆加工精度有影响者，其对车螺纹加工精度同样也有影响。

**表8.3 卧式车床精度标准**

| 序号 | 精度检验项目 | 公差 | 检验示意图 |
|---|---|---|---|
| G1 | 横向：床身导轨应在同一平面内 | 0.04/1 000 | 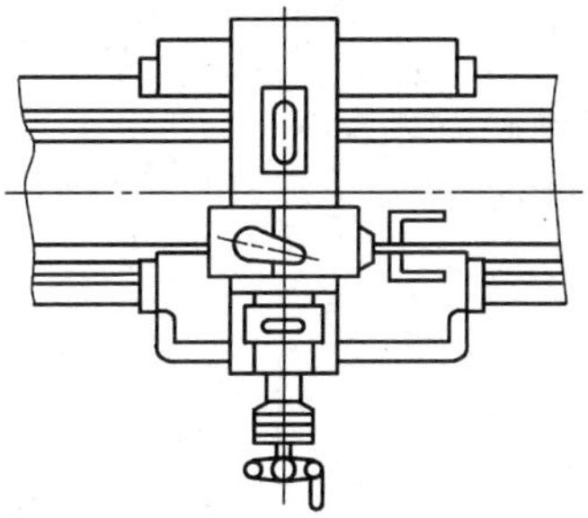 |
| | 纵向：床身导轨在垂直平面内的直线度 | 0.02（只许凸起），任意250测量长度上局部公差为0.007 5 | |
| G2 | 溜板在水平面内的直线度 | 0.02 | 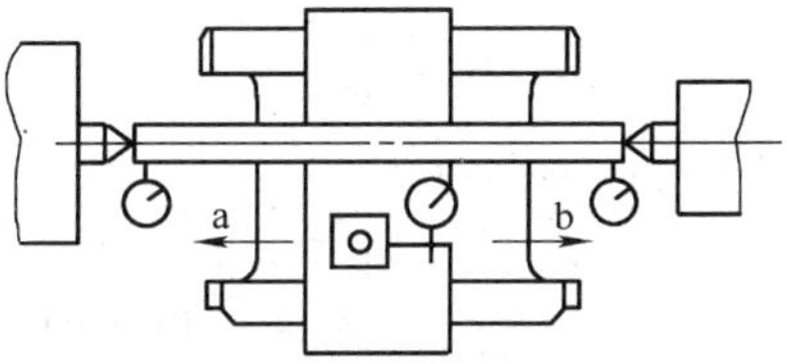 |
| G3 | 尾座对溜板移动的平行度<br>a—垂直平面<br>b—水平面 | a和b皆为0.03，任意500测量长度局部公差为0.02 | 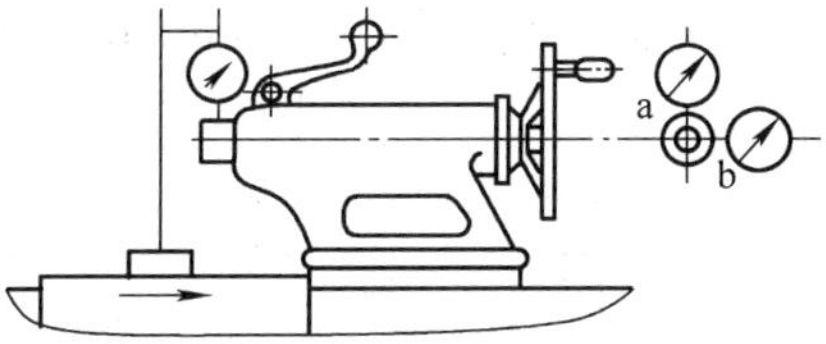 |
| G4 | 主轴轴向窜动 | 0.01 | 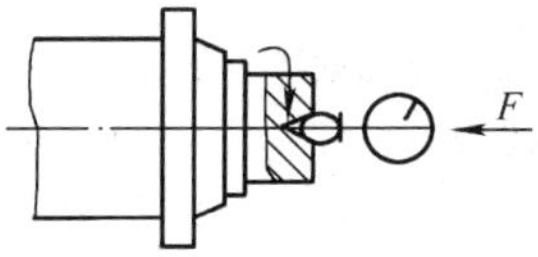 |
| | 主轴轴肩支撑面的端面圆跳动 | 0.02 | 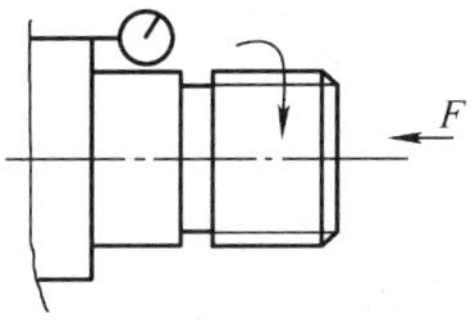 |
| G5 | 主轴定心轴颈的径向圆跳动 | 0.01 | 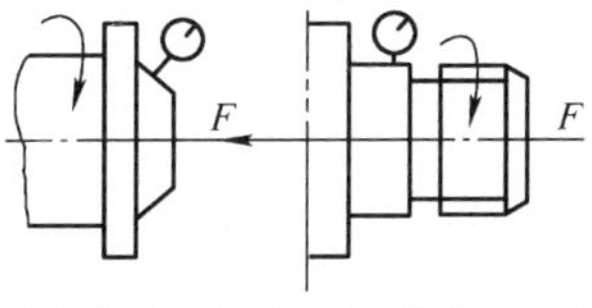 |
| G6 | 主轴锥孔轴线径向圆跳动（a处靠近主轴端面，b处距离a处约300 mm） | a—0.01<br>b—0.02 | 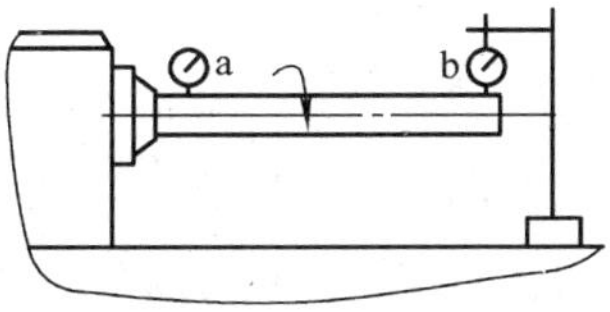 |

续表

| 序号 | 精度检验项目 | 公差 | 检验示意图 |
| --- | --- | --- | --- |
| G7 | 主轴轴线对溜板移动的平行度 | a—0.02/300（只许向上偏）<br>b—0.015/300（只许向前偏） | 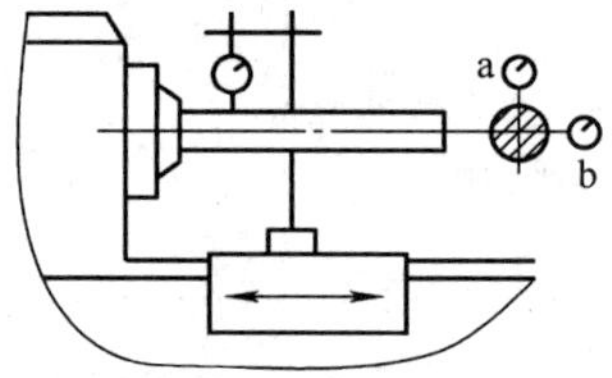 |
| G8 | 顶尖的跳动 | 0.015 | 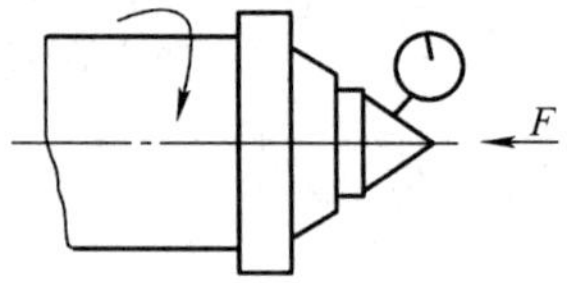 |
| G9 | 尾座套筒轴线对溜板移动的平行度 | a—0.015/100（只许向上偏）<br>b—0.01/100（只许向前偏） | 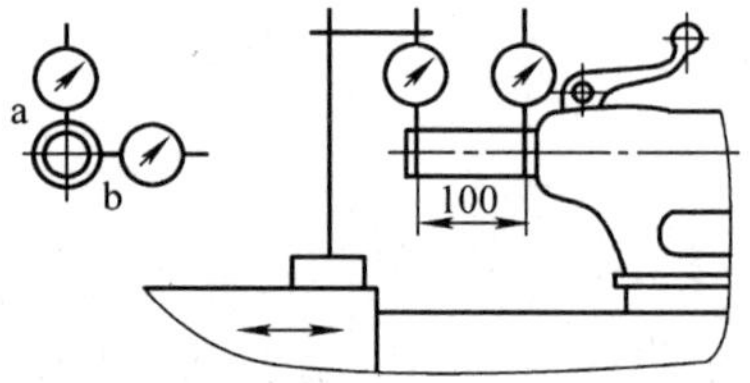 |
| G10 | 尾座套筒锥孔轴线对溜板移动的平行度 | a—0.03/300（只许向上偏）<br>b—0.03/300（只许向前偏） | 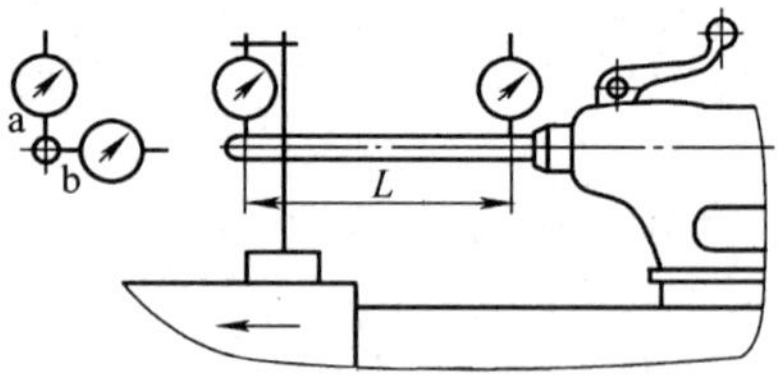 |
| G11 | 主轴与尾座两顶尖的等高度 | 0.04（只许尾座高） | 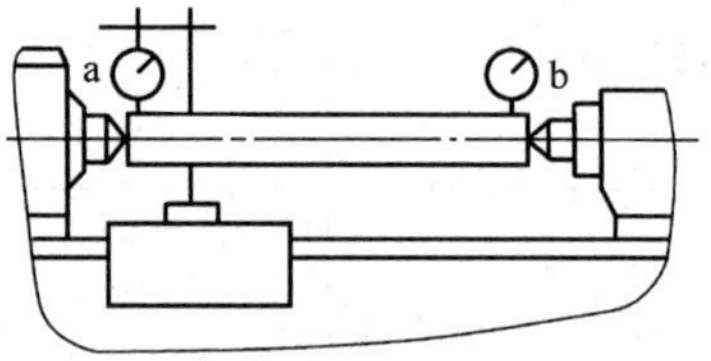 |
| G12 | 刀架对主轴轴线的平行度 | 0.04/300 | 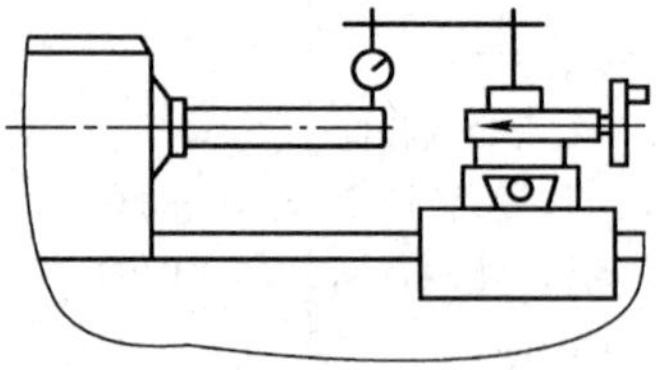 |

续表

| 序号 | 精度检验项目 | 公差 | 检验示意图 |
|---|---|---|---|
| G13 | 刀架横向对主轴轴线的垂直度 | 0.02/300（偏向 $\alpha \geq 90°$） | 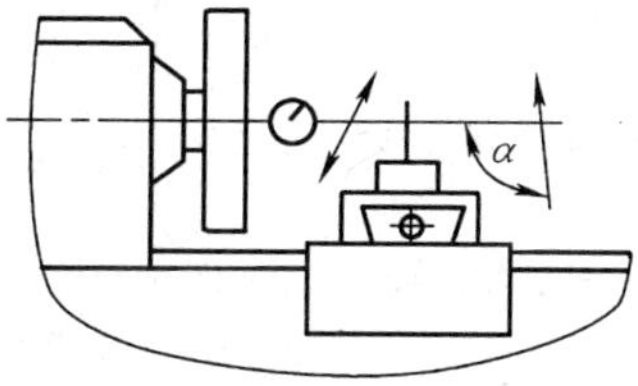 |
| G14 | 丝杠的轴向窜动 | 0.015 | 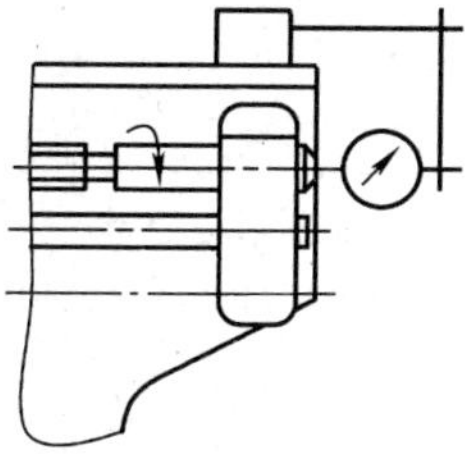 |
| G15 | 从主轴到丝杠传动链的精度 | a—任意 600 测量长度上为 0.015<br>b—任意 300 测量长度上为 0.04 | |
| P1 | 精车外圆 | 在 300 测量长度上：<br>圆度为 0.01<br>圆柱度为 0.03 | |
| P2 | 精车端面的平面度 | 在 300 直径上为 0.02（只许凹） | |
| P3 | 精车螺纹的螺距误差 | a—在 300 测量长度上为 0.04<br>b—任意 50 测量长度上为 0.015 | |

**表 8.4 卧式铣床精度标准**

| 序号 | 精度检验项目 | 公差 | 检验示意图 |
|---|---|---|---|
| G1 | 升降台垂直移动的直线度<br>a—机床的横向垂直平面内<br>b—机床的纵向垂直平面内 | 在 300 测量长度上皆为 0.025 | 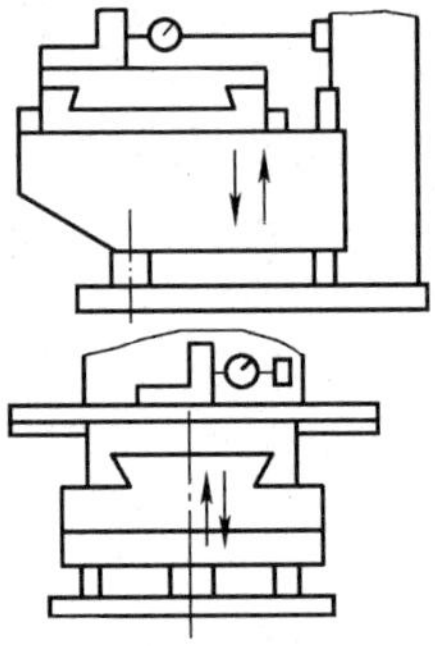 |
| G2 | 工作台面对机床垂直导轨的垂直度(a、b 同上) | 在 300 测量长度上皆为 0.025 | 方法基本同上 |
| G3 | 工作台面的平行度 | 最大公差为 0.05,任意 300 测量长度上的局部公差为 0.02 | 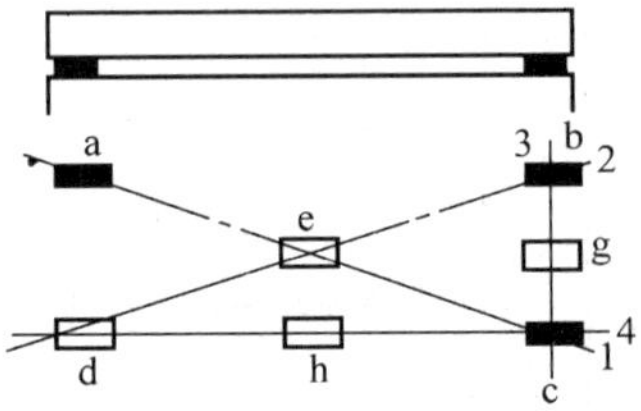 |
| G4 | 工作台面对工作台移动的平行度<br>a—横向<br>b—纵向 | 最大公差为 0.05,任意 300 测量长度上皆为 0.025 | 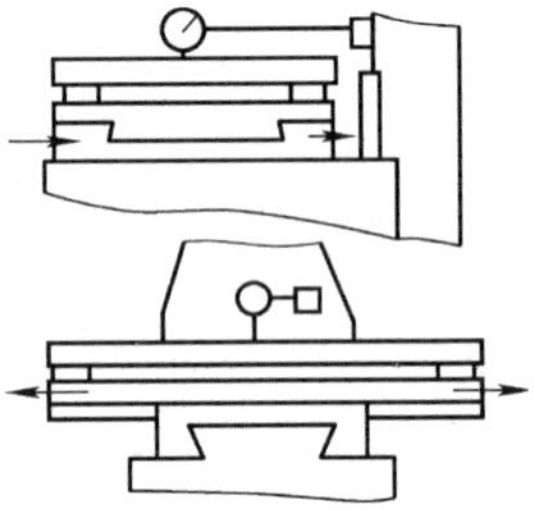 |
| G5 | 主轴端部<br>a—主轴定心轴颈径向圆跳动<br>b—轴向窜动<br>c—轴肩支承面端面圆跳动 | a—0.01<br>b—0.01<br>c—0.02 | 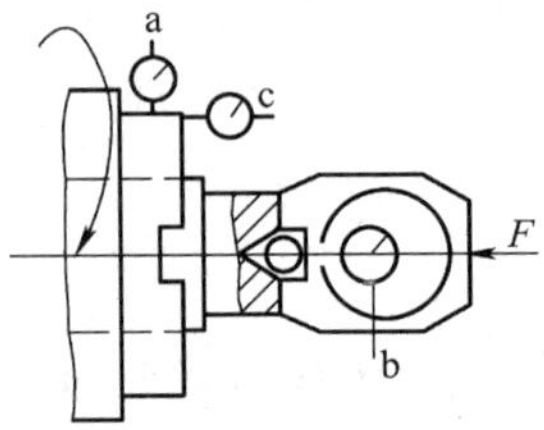 |

续表

| 序号 | 精度检验项目 | 公差 | 检验示意图 |
|---|---|---|---|
| G6 | 主轴锥孔轴线的径向圆跳动(a处靠近主轴端面,b处距离a处约300 mm) | a—0.01<br>b—0.02 | 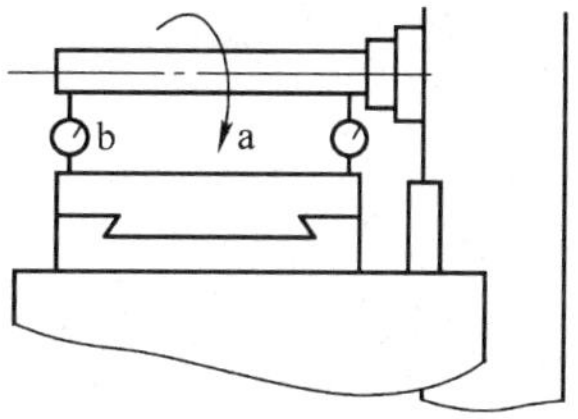 |
| G7 | 主轴旋转轴线对工作台面的平行度 | 在300测量长度上为0.025(检测棒伸出端只许向下) | 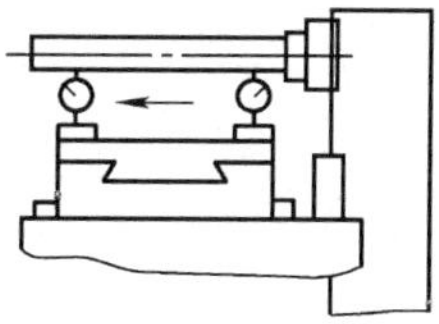 |
| G8 | 主轴轴线对工作台面横向移动的平行度 | 垂直面和水平面内在任意300测量长度上皆为0.025 | 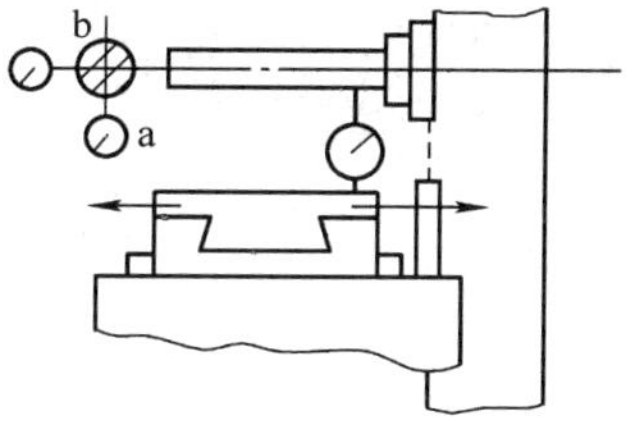 |
| G9 | 工作台中央或基准T形槽的直线度 | 最大公差为0.03,任意500测量长度上皆为0.01 | 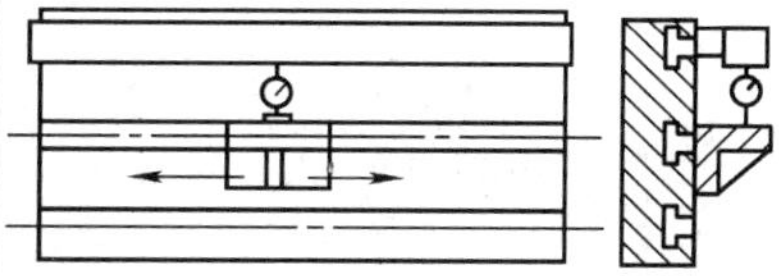 |
| G10 | 主轴轴线对工作台中央或基准T形槽的垂直度 | 任意300测量长度上皆为0.02 | 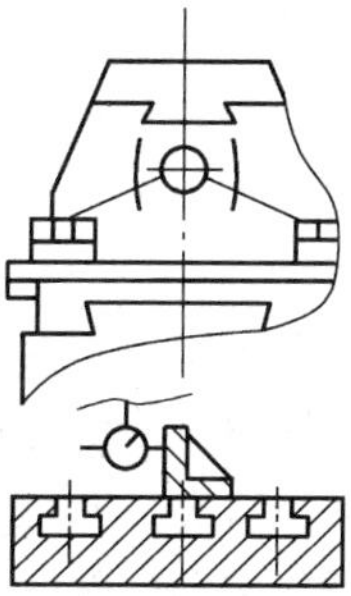 |
| G11 | 基准T形槽对工作台纵向运动的平行度 | 最大公差为0.04,任意300测量长度上皆为0.015 | 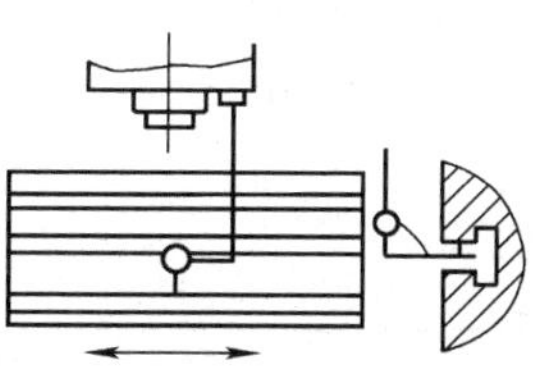 |

**续表**

| 序号 | 精度检验项目 | 公差 | 检验示意图 |
|---|---|---|---|
| G12 | 工作台横向移动对纵向移动的垂直度 | 任意 300 测量长度上皆为 0. 02 | 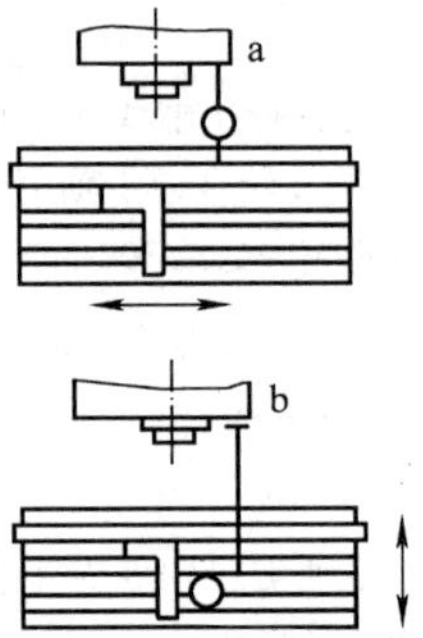 |
| G13 | 悬架导轨对主轴旋转轴线的平行度 | 垂直面和水平面内在任意 300 测量长度上皆为 0. 02 | 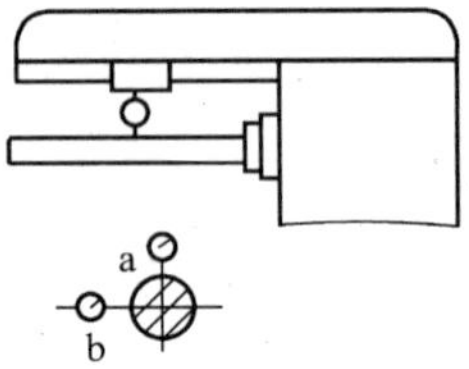 |
| G14 | 刀架支架孔轴线对主轴旋转轴线的重合度 | a—垂直平面内为 0. 03（刀架支架孔轴线只许低于主轴轴线）<br>b—水平面内为 0. 03 | 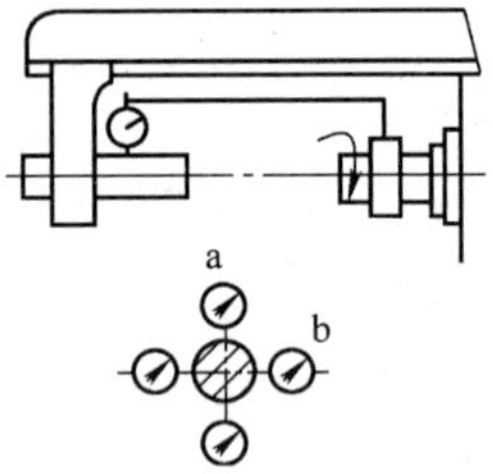 |
| G15 | 工作台回转中心对主轴轴线及中央 T 形槽的偏差<br>a—工作台回转中心对主轴轴线的偏差<br>b—工作台回转中心对中央 T 形槽的偏差 | a—0. 05<br>b—0. 08 | 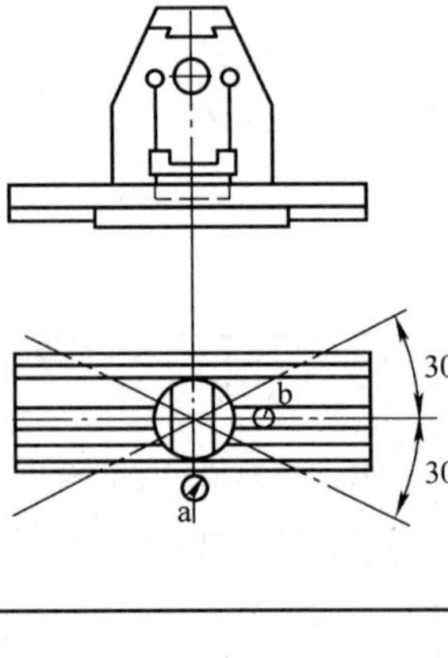 |

续表

| 序号 | 精度检验项目 | 公差 | 检验示意图 |
|---|---|---|---|
| P1 | a—B面应平直<br>b—高度 $h$ 应相等<br>c—C面应与A面垂直、D面应与A面垂直,都垂直于B面 | a—0.05<br>b—0.08<br>c—0.02/100 | 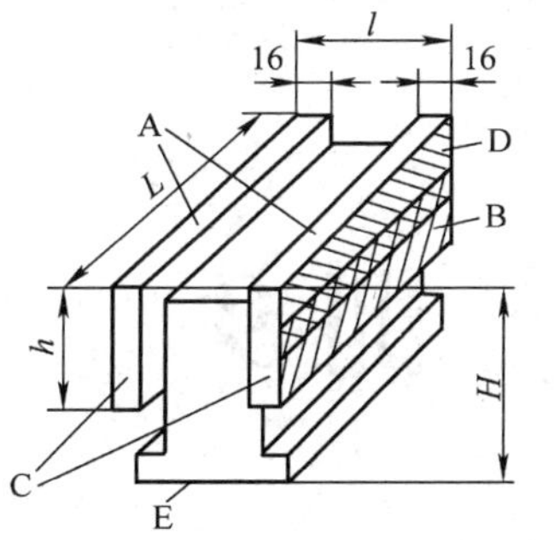 |

## 五、实训报告

(按81页附表完成)

(1)各项误差对机床加工精度有什么影响?

(2)如何消除检验棒的自身误差?

# 实训 9

## CAK6150D 数控车床

### 一、实训目的与步骤

1）了解数控车床的组成部分，对机床的外形、总体布局以及各部件进行观察分析，理解各部件的功用和结构特点。

2）了解数控车床的主传动系统。

3）了解数控车床的进给传动系统。

4）了解数控车床主轴结构图。

5）了解数控车床的调整。

### 二、实训设备

CAK6150D 数控车床一台。

### 三、实训内容

1. 机床的用途

CAK6150D 数控车床采用 BEIJING—FANUC Series 0—TD 数控系统，该机床为万能型加工车床，可以进行多次重复循环加工，特别适用于军工、拖拉机、汽车制造等行业的机械加工，主要承担轴类和盘类零件的精加工和半精加工，可以加工内外圆柱表面、锥面，车削螺纹，镗孔，绞孔以及各种曲线回转体，其加工精度可达 IT6 ~ IT7 以上，粗糙度 $R_a$ 可达 1.6 μm。

2. 机床的主要规格参数

| | |
|---|---|
| 床身上最大回转直径 | 500 mm |
| 滑板上最大回转直径 | 300 mm |
| 最大工件长度 | 890 mm |

| | |
|---|---|
| 最大加工长度 | 850 mm |
| 滑板最大横向行程 | 250 mm |
| 主轴转速级数 | 12 级 |
| 主轴转速范围 | 40 ~ 1 800 r/min |
| 主轴孔径 | 70 mm |
| 主电机型号 | YD132M—4/2 双速电机 |
| 主电机功率 | 6.5/8 kW |
| 床尾套筒直径 | 75 mm |
| 床尾套筒移动距离 | 150 mm |
| 床尾套筒内孔锥度 | 莫氏 5 号 |
| 刀架工位 | 4 工位 |
| 刀架快速移动速度 | $Z$ 向 6 000 mm/min |
| | $X$ 向 4 000 mm/min |

3. 机床传动系统

CAK6150D 型数控车床传动系统如图 9.1 所示。

1)主传动系统。该机床的主轴电动机为双速电动机(转速为 1 460 r/min 和 2 880 r/min),故主轴获得 12 级转速必须经过齿轮传动变速方式。在主轴箱中装有两个电磁离合器,电磁离合器对应两对齿轮的啮合实现两极调速,再通过调速手柄控制三联滑移齿轮的位置变换对应三对齿轮的啮合实现三级变速,所以主轴所获得的转速为:电动机 2 级 × 电磁离合器 2 级 × 三联滑移齿轮 3 级 = 12 级。转速分别为:40 r/min、56 r/min、80 r/min、112 r/min、170 r/min、236 r/min、335 r/min、475 r/min、640 r/min、900 r/min、1320 r/min、1800 r/min。

2)进给传动系统。机床的纵横向进给系统均采用伺服电机驱动,再经过对消除间隙的齿轮传动使动力传递至丝杠。其伺服电机 FANUC α C6/2000(该伺服电机的最高转速为2 000 r/min)的横向进给经过一对齿轮 $z_1 = 32$、$z_2 = 32$($z_1$: $z_2$ = 1:1)传递至丝杠。纵向进给经过一对齿轮 $z_1 = 34$、$z_2 = 51$($z_1$: $z_2$ = 1:1.5)传递至丝杠。纵向、横向丝杠导程均为 6 mm。

4. 机床的调整

1)主轴的调整。主轴轴承间隙过大直接影响加工精度。主轴的旋转精度有径向跳动及轴向窜动两项。径向跳动由主轴前端的双列向心短圆柱滚子轴承和后端的向心推力球轴承保证。轴向窜动由主轴后端的向心推力球轴承保证。如主轴的旋转精度不合要求时,在一般情况下,调整前后轴承即可。调整时参阅图 9.2。先松开螺母 1 或螺母 2 上的锁紧螺钉进行调整,调整后再紧上锁紧螺钉,如仍达不到要求,就要对轴承进行同样的调整。调整后进行一小时的空转试验,主轴轴承温升不得超过 70 ℃,否则应稍微松开一点螺母,注意调整螺母 1、2 时应先松开 1、2 上的固定螺钉,调整后再将螺钉拧紧。

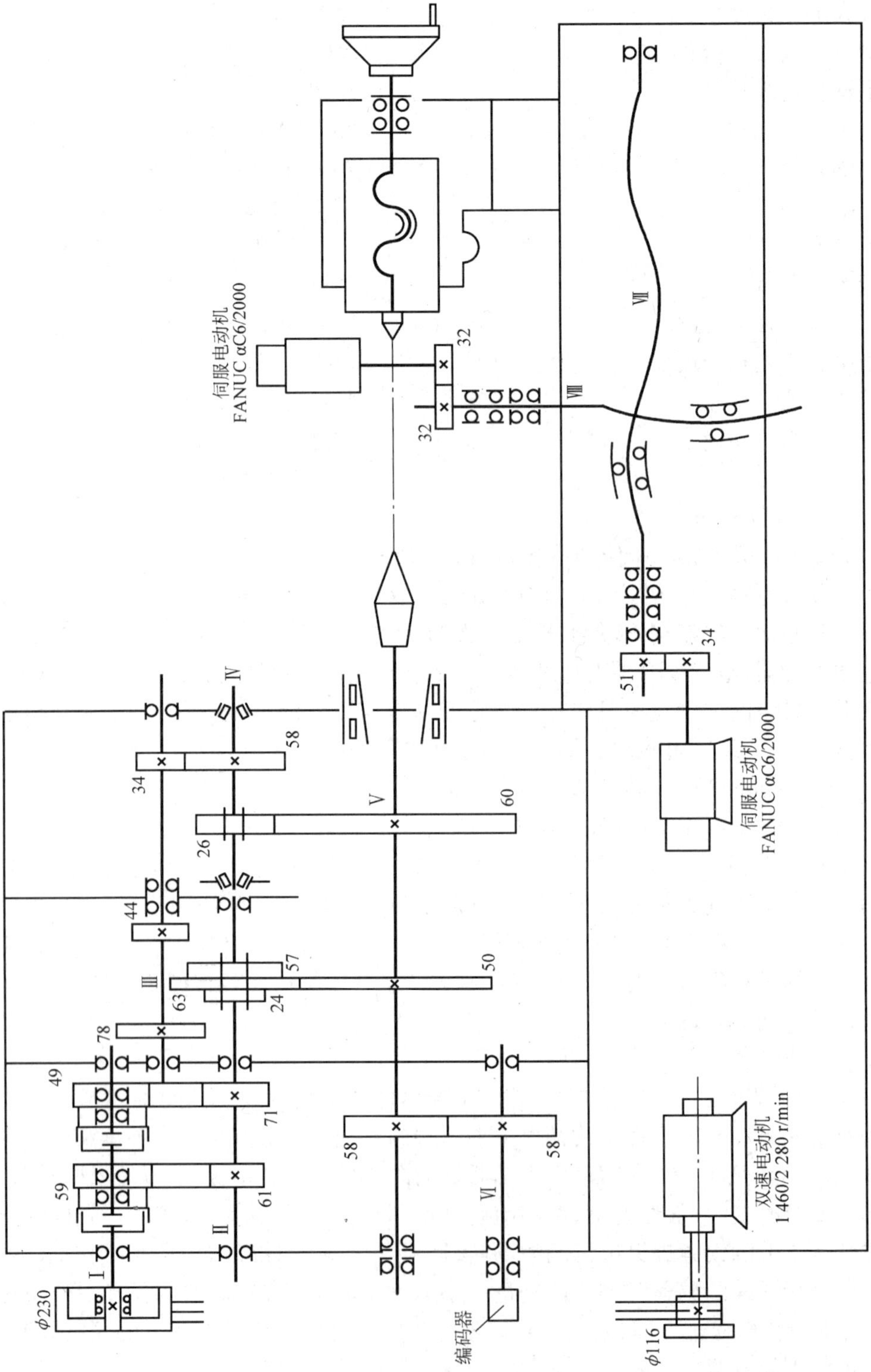


图 9.1 CAK6150D 型数控车床传动系统图

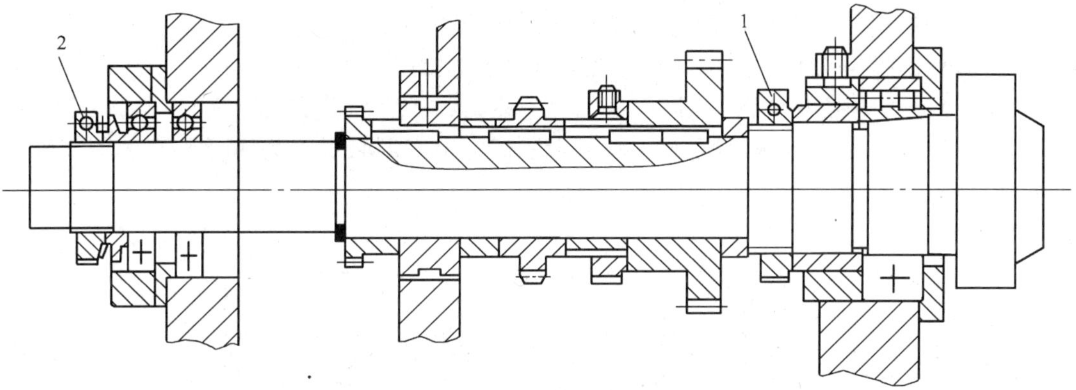


图9.2　CAK6150D型数控车床主轴结构

1,2—螺母

2)进给系统的调整。该机床的纵、横向进给系统采用伺服电机驱动,伺服电动机的动力经过消除间隙的齿轮传递给滚珠丝杠,通过丝杠带动滑板、床鞍、溜板实现纵、横向运动。纵、横向进给箱内均安装有消除间隙齿轮,其齿侧间隙应调小,发现间隙过大时,必须进行及时调整。调整齿轮传动间隙时,首先松开齿轮上所有的螺钉1、弹簧2,将齿隙调好,然后再将螺钉锁紧,如图9.3所示。

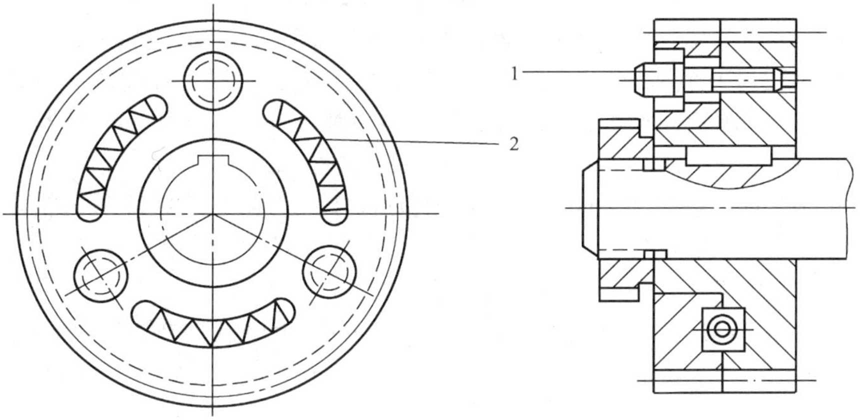


图9.3　进给系统齿轮间隙的消除

1—螺钉;2—弹簧

5. 使用本机床时必须注意的事项

1)各箱中的润滑油不得低于各油标中心,否则会因为润滑不良而损坏机床。

2)所有润滑点均应按时注入干净的润滑油。

3)经常注意床头箱油窗是否来油,确保床头箱有足够的润滑油。

4)定期检查并调整三角带的松紧程度。

5)每天工作前应开动主轴箱润滑泵1 min,随后,机床各部位作空运行,按动操作面板上润滑泵按键,电子泵开动,使润滑油散布于轨道、螺母等处。

6)主轴回转时,在任何情况下均不得扳动变速手柄。

7)使用中心架时,必须润滑中心架与工件接触的表面。

6. 数控车床编程实例

要加工图9.4所示轴类零件,其毛坯为$\phi$95 mm棒料,材料为45钢,其编程步骤如下。

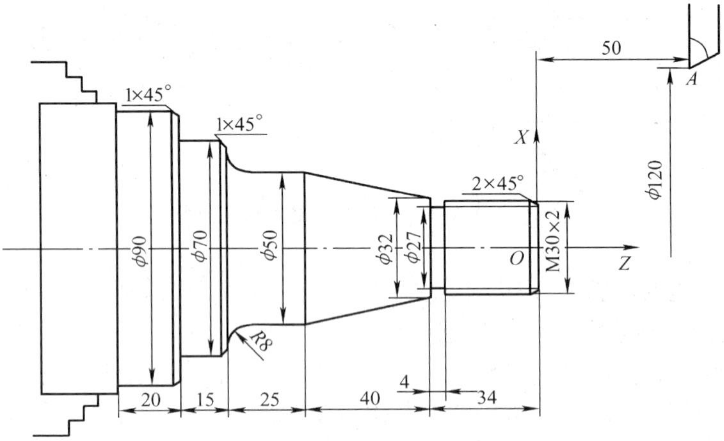


**图9.4 数控车床加工实例**

1)确定工艺过程。以$\phi$95 mm外圆及右中心孔为工艺基准,用三爪自定心卡盘夹持$\phi$95 mm外圆,用机床尾座顶尖顶住右中心孔。工步顺序为:①外圆粗车成形,自右向左进行外圆轮廓加工,粗车螺纹外圆→切削锥面→车$\phi$50 mm外圆→车$\phi$70 mm外圆→车90 mm外圆;②精车外圆;③切槽;④车螺纹。

2)选择刀具。根据加工要求,选用4把刀具,1号刀粗车外圆,2号刀精车外圆,3号刀切槽,4号刀车螺纹。

3)确定切削用量。切削用量详见数控加工程序。

4)编制加工程序。确定以工件右端面中心点$O$为原点,并将点$A$作为换刀点。该工件的数控加工程序编制如下:

```
O5000
N1 G50 X120.0 Z50.0 T0101;        设定工件坐标系,调1号刀、1号刀补参数
N2 G96 S200 M03;                  设定恒切削速度200 m/min,主轴正转
N3 G00 X100.0 Z0.0 M08;           快速接近工件,切削液开
N4 G01 X-0.8 F0.25;               切断棒料
N5 G00 X96.0 Z2.0;                切断后退刀
N6 G71 U3.5 R0.5;                 定义粗车循环
N7 G71 P8 Q20 U0.5 W0.1 F0.25;
N8 G00 X30.0;                     N8到N20定义精车削刀具轨迹
N9 G01 Z-34.0 F0.15;
N10 X32.0;
```

```
N11 X50.0 W-40.0;
N12 Z-91.0;
N13 G02 X66.0 Z-99.0 R8.0;
Nl4 G01 X68.0;
N15 X70.0 W-1.0;
N16 Z-114.0;
N17 X88.0;
N18 X90.0 W-1.0;
N19 Z-134.0;
N20 X96.0;
N21 G00 X120.0 Z50.0 T0100 M09;     快速返回换刀点,取消刀补,切削液关
N22 T0202;                          调2号刀,并进行刀补
N23 S180 M03;
N24 G00 X96.0 Z3.0 M08;
N25 G70 P8 Q20;                     精车
N26 G00 X120.0 Z50.0 T0200 M09;     返回换刀点,取消刀补,切削液关
N27 T0303;                          调3号刀,并进行刀补
N28 G97 Sl000 M03;                  取消恒切削速度,指定主轴转速为1 000 r/min,主轴正
                                    转
N29 G00 X36.0 Z-34.0 M08;           快速移动至切槽处,切削液开
N30 G01 X27.0 F0.1 2;               切退刀槽
N31 G04 U5.0;                       暂停进给5 s
N32 G00 X36.0;                      退刀
N33 X120.0 Z50.0 T0300 M09;         快速返回退刀点,取消刀补,切削液关
N34 T0404;                          调4号刀,4号刀补参数
N35 G00 X32.0 Z6.0 M08;             快速接近车螺纹进给起点,切削液开
N36 G76 P01 02 60 Q200 R200;        螺纹切削循环
N37 G76 X27.4 Z-33.0 P12 99 Q4 50 F2.0;
N38 G00 X120.0 Z50.0 T0400 M09;     返回换刀点,取消刀补,切削液关
N39 M05;                            主轴停止
N40 M30;                            程序结束
```

## 四、实训思考题

(1)数控车床与普通车床在结构上的区别有哪些?

(2)为什么数控车床也可以进行切削螺纹?

(3) CAK6150D数控车床为什么要对主轴轴承间隙和进给系统中齿轮传动间隙进行调整?

(4)简述典型轴类零件(如图9.5所示)在数控车床上的加工原理和加工程序。

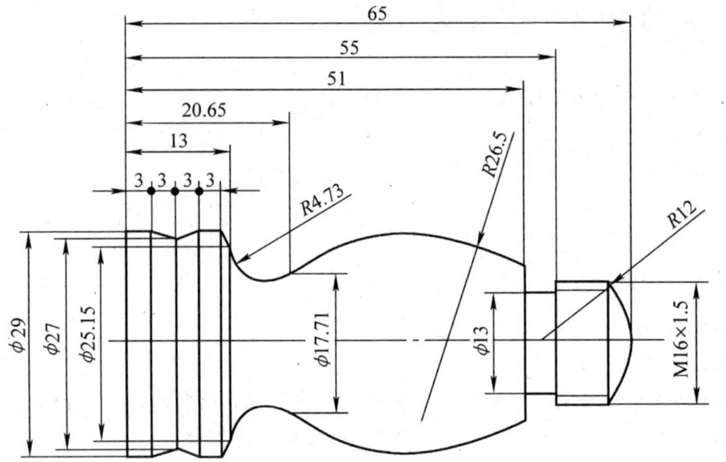


图 9.5　典型轴类零件

## 五、实训报告

（按 81 页附表完成）

# 实训 10

## XKA714/A 数控铣床

### 一、实训目的

1）了解数控铣床的组成部分，对铣床的外形、总体布局以及各部件进行观察分析，理解各部件的功用和结构特点。

2）了解 XKA714/A 数控铣床的主传动系统。

3）了解 XKA714/A 数控铣床的进给传动系统。

4）了解数控铣床主轴轴承的调整。

5）了解数控铣床使用时应注意的事项。

### 二、实训设备

XKA714/A 数控铣床一台。

### 三、实训内容

1. 机床的主要用途与适用范围

XKA714/A 数控铣床是使用范围很广的铣床。主轴前锥孔为国际标准（ISO）No. 40，该主轴前锥孔可安装各种圆柱铣刀、圆片铣刀、角度铣刀、端面铣刀等刀具，还可借助弹簧夹头安装小规格直柄铣刀。它的横向（$Y$ 向）移动由底座上的滑座完成，滑座上的工作台可纵向（$X$ 向）移动，立柱上的主轴箱可进行垂向（$Z$ 向）移动。工作台、滑座、主轴箱的移动共同组成了机床 $X$、$Y$、$Z$ 3 个轴线方向的运动。

XKA714/A 数控铣床配备德国西门子 802D 数控系统，可以完成直线铣削，组成各种往复循环、框式循环，可实现三坐标联动，可进行直线插补、圆弧插补，使用于铣削具有复杂曲线轮廓及截面的零件，如凸轮、样板、叶片、弧形槽等零件，尤其适用于模具加工。

XKA714/A 数控铣床也可以配备 TK13250(或 TK13315)型数控回转工作台(即 A 轴),来实现四坐标联动。亦可以任意三坐标联动,用于铣削具有螺旋曲面的零件。

2. 机床主要规格参数

| | |
|---|---|
| 工作台台面尺寸(宽×长) | 400 mm×1 100 mm |
| 工作台纵向(*X*)行程 | 600 mm |
| 工作台横向(*Y*)行程 | 450 mm |
| 主轴箱垂直(*Z*)行程 | 500 mm |
| 工作台 T 形槽数 | 3 |
| 主轴转速级数 | 2 挡无级 |
| 主轴转速范围 | 低挡 100~800 r/min<br>高挡 500~4 000 r/min |
| 进给速度级数 | 无级 |
| 进给速度范围 | 纵向(*X*) 6~3 200 mm/min<br>横向(*Y*) 6~3 200 mm/min<br>垂向(*Z*) 3~1 600 mm/min |
| 快速移动速度 | 纵向(*X*) 8 000 mm/min<br>横向(*Y*) 8 000 mm/min<br>垂向(*Z*) 4 000 mm/min |

3. 机床传动系统

XKA714/A 数控铣床的传动系统如图 10.1 所示。

1)主传动系统。XKA714/A 数控铣床的主传动系统由 5.5 kW 的变频电机驱动,电机安装在主轴箱的顶面,经 1:1 的同步齿形带传动使主轴获得 500~4 000 r/min 的高速挡无级变速段。另外通过油缸中的活塞杆带动拨叉推动滑移齿轮来完成高速挡与低速挡的变换,再通过1:5的齿轮降速组,使主轴获得 100~800 r/min 的低速挡无级变速段。主轴内装有拉刀机构,拉刀机构采用液压装置及碟形弹簧来完成拉刀、送刀动作。主轴所配刀具的锥柄形式为 JT40 型。

2)进给系统。进给传动系统中 *X* 向、*Y* 向坐标由交流伺服电机通过 1:1.5 同步齿形带轮驱动滚珠丝杠,*X* 向、*Y* 向滚珠丝杠分别拖动工作台进行 *X* 向、*Y* 向运动,使工作台获得6~3 200 mm/min的切削进给速度及 8 000 mm/min 的快速移动速度。*Z* 向坐标由交流伺服电机通过一对 24:54 的齿轮降速,将动力传给 *Z* 向滚珠丝杠,滚珠丝杠上的螺母带动主轴箱进行 *Z* 向运动,立柱轴向获得 3~1 600 mm/min 的切削进给速度及 4 000 mm/min 的快速移动速度。由于滚珠丝杠螺母副不具有自锁功能,故 *Z* 向电机带有制动器,当断电时可将 *Z* 向刹紧,以防止轴箱下滑。伺服电机及其相应的速度控制单元和用于位置检测的脉冲编码器等均受控于数控系统,以完成各种进给运动。

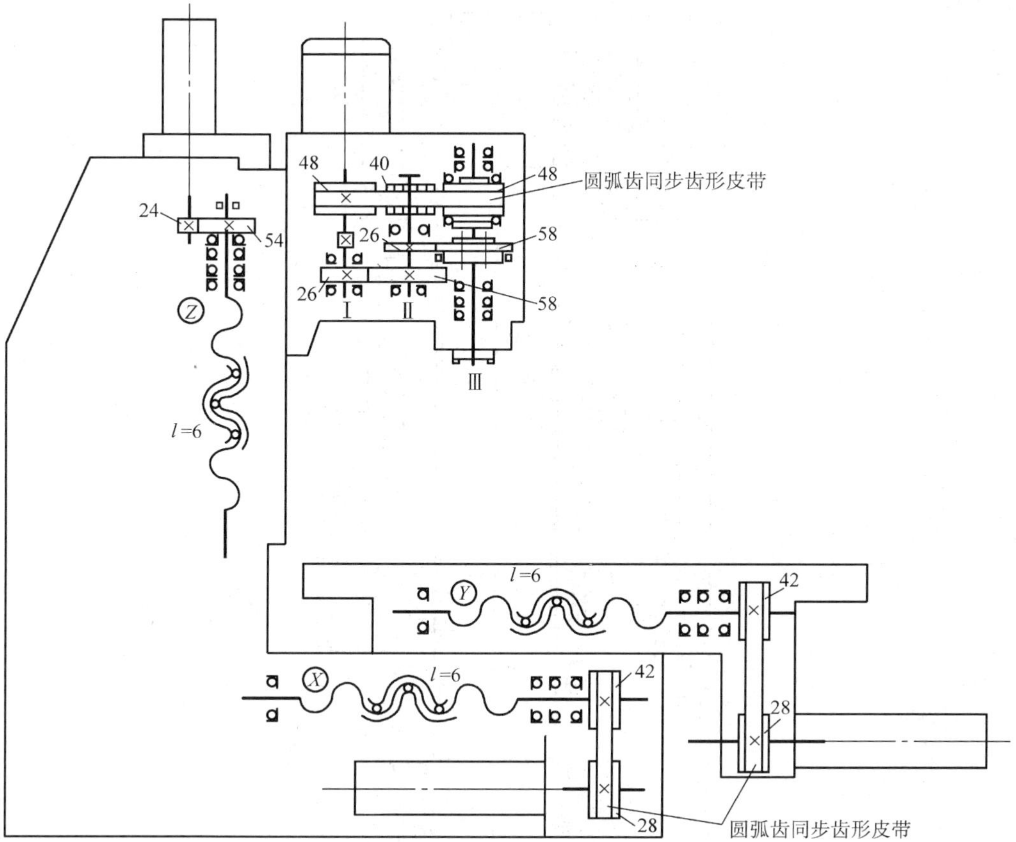


**图 10.1　XKA714/A 数控铣床传动系统**

4. 机床调整

机床出厂前,主轴的精度及轴承的间隙均已按有关标准的要求调整好。长期使用后,如果发现主轴轴承的间隙增大,则应进行调整。

主轴轴承间隙的调整,参见图 10.2。

1)主轴前轴承间隙调整步骤:①拧下主轴箱前面盖板 1;②松开螺母 3 上 3 个螺钉 2;③拧动螺母 3,将轴承间隙调至合适;④均匀拧紧 3 个螺钉 2;⑤装上盖板 1。

2)主轴后轴承间隙调整步骤:①拧下主轴箱上部法兰盘上的螺钉 4;②松动螺母 6 上的 3 个螺钉 5;③拧动螺母 6,将轴承间隙调至合适;④均匀拧紧 3 个螺钉 5;⑤装上螺钉 4。

5. 工作安全注意事项

1)机床只能在装上防护装置,并调整合适后,才允许开动,以防止切屑飞出、切削剂喷溅对操作者造成伤害。

2)不得擅自松动 3 个运动方向极限行程撞块,不允许超行程使用机床。

3)只有在主轴停止运转后,才能进行刀具装卸。

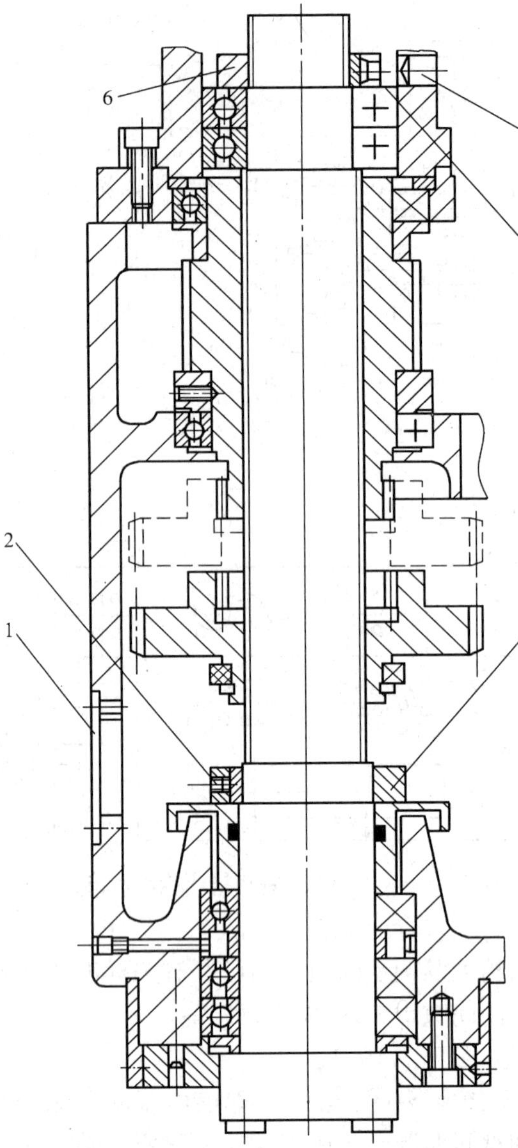


**图 10.2　XKA714/A 数控铣床主轴轴承间隙的调整**

1—盖板;2,4,5—螺钉;3,6—螺母

4)主轴旋转前,应确认主轴上刀具已夹紧。

5)在主轴运转过程中,严禁进行主轴转速高、低挡的变换。

6)在加工过程中,不允许身体的任何部位进入运动部件的行程范围内。

7)在加工过程中,注意身体的任何部位或衣服不要被外露的旋转零件缠绕。

8)操作者在使用机床时,禁止蹬踏底座上的接油盘。

9)在加工过程中,不应清除切屑。

10）随时检查机床的润滑情况，润滑泵发出报警信号时，应及时补充润滑油。

11）操作者在使用机床时，注意不要被机床的突出部位磕撞。

12）随时注意液压箱油标位置，及时补充液压油。

13）操作者在使用机床时，要密切注视切削情况，遇到突发危险，应按急停按钮。

14）遵守有关的安全生产规定。

6. 数控铣床编程实例

加工如图 10.3 所示工件内外轮廓，用刀具半径补偿指令编程，刀具直径 $\phi$10。

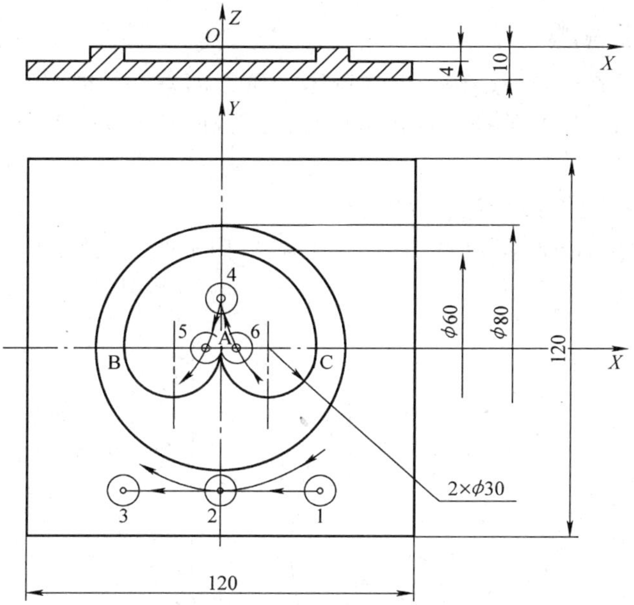


**图 10.3　内外轮廓加工实训**

1）工艺过程：外轮廓用左刀补，沿圆弧切线方向切入 1→2，切出时也沿切线方向 2→3。内轮廓采用右刀补，4→5 为切入段，6→4 为切出段。外轮廓加工完毕取消左刀补，待刀具至 $P_4$ 点，再建立右刀补。

2）参考程序如下：

| 程序 | 说明 |
|---|---|
| PMK50 | 程序名 |
| N010 G54 G00 X－50 Y－50 Z－140 S1500 M03； | 设工件零点 *O* |
| N020 G00 X20 Y－44 Z2； | 刀具快速进至 $P_1$ 点上方 |
| N030 G01 Z－4 F100； | 刀具 *Z* 向工件进至深 4 mm 处 |
| N040 G41 X0 Y－40； | 建立左刀补 $P_1$→$P_2$ |
| N050 G02 X0 Y－40 I0 J40； | 铣外轮廓顺圆至 $P_2$ |
| N060 G40 X－20 Y－44； | 取消左刀补 $P_2$→$P_3$ |
| N070 G00 X0 Y15 Z2； | 刀具快进至 $P_4$ 点上方、G00 移动轴依次为 *Z*、*X*、*Y* |
| N080 G01 Z－4； | 刀具 *Z* 向工件进至深4 mm处 |

```
N090 G42 X0 Y0;                    建立右刀补 P4→P5
N100 G02 X-30 Y0 I-15 J0;          铣内轮廓顺圆 A→B
N110 G02 X30 Y0 I30 J0;            铣内轮廓顺圆 B→C
N120 G02 X0 Y0 I-15 J0;            铣内轮廓顺圆 C→A
N130 G40 G01 X0 Y15;               取消右刀补 P6→P4
N140 G00 Z100;                     刀具 Z 向快退
N150 M05;                          主轴停转
N160 M30;                          程序结束
```

## 四、实训思考题

(1)数控铣床 $Z$ 轴方向结构与普通铣床 $Z$ 轴方向结构有何区别?

(2)分析 XKA714/A 数控铣床各坐标轴的正方向? 说明 $+X$ 方向与 $+X'$ 方向的区别?

(3)同步齿形带的传动特点是什么?

(4)简述典型凸轮轴零件(图 10.4)在数控铣床上的加工原理与加工程序。

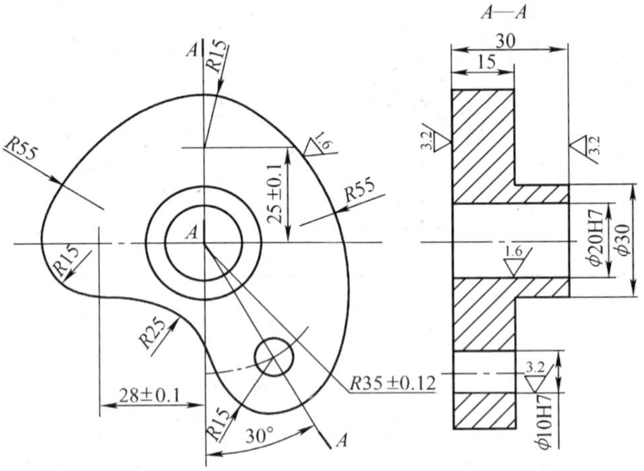


图 10.4 凸轮轴零件

## 五、实训报告

(按 81 页附表完成)

# 实训 11

## TH5632D/1 型立式加工中心

### 一、实训目的

1）了解加工中心的组成部分，对机床的外形、总体布局以及各部件进行观察分析，理解各部件的功用和结构特点。

2）了解 TH5632D/1 型立式加工中心的传动系统、主轴结构及刀具夹紧机构。

3）了解 TH5632D/1 型立式加工中心主轴轴承的调整。

4）了解 TH5632D/1 型立式加工中心使用时应注意的事项。

5）了解 TH5632D/1 型立式加工中心的换刀过程。

### 二、实训设备

TH5632D/1 型立式加工中心一台。

### 三、实训内容

1. 机床的主要用途与适应范围

TH5632D/1 型立式加工中心是一台小型立式加工中心，工件在一次装夹后可自动连续地完成铣、钻、镗、铰、锪、攻丝等多种工序的加工，该机床适用于小型板件、盘件、壳体件等复杂零件的多品种中小批量加工。它的优点是工件装夹操作方便、找正容易、便于观察切削情况、程序调试容易、占地面积小，所以得到广泛应用。但它受立柱高度的限制，不能加工太高的零件，也不适于加工箱体类零件。

2. 机床主要规格参数

| | |
|---|---|
| 工作台工作面尺寸（外形尺寸） | 1 000 mm × 320 mm（1200 × 450） |
| 工作台 T 形槽宽 × 槽数 | 18 mm × 3 mm |
| 工作台左右行程（*X* 轴） | 750 mm |

| | |
|---|---|
| 工作台前后行程(*Y* 轴) | 400 mm |
| 主轴箱上下行程(*Z* 轴) | 470 mm |
| 主轴锥孔 | BT40 |
| 主轴转速(标准型/高速型) | 22.5 ~2 250 r/min/45 ~4 500 r/min |
| 快速移动速度(*X*,*Y* 轴) | 15 m/min |
| (*Z* 轴) | 10 m/min |
| 进给速度(*X*,*Y*,*Z* 轴) | 1 ~4 000 mm/min |
| 刀库容量 | 20 |
| 选刀方式 | 任选 |

3. 机床传动系统

本机床的3个坐标进给系统的电机均选用调速交流伺服电机。电机与进给丝杠之间通过弹性联轴节连接,直接带动丝杠运动。机床主轴转速分两挡,即标准型(22.5 ~2 250 r/min)和高速型(45 ~4 500r/min),用皮带轮变速。标准型时皮带轮传动比为1:2,高速型时皮带轮传动比为1:1,需要变更速度范围时,可将紧固电机座的螺钉松开,转动T形槽螺钉上的螺帽,使电机向主轴方向移动,再将主轴箱上部左右两侧的盖板取下,取下皮带换到另一对皮带轮上,然后盖上主轴箱左右两侧的盖板。移动电机将皮带拉紧,最后锁紧螺帽,并将电机座紧固。

4. 刀库机械手及自动换刀过程

刀库机械手自动换刀过程参见图11.1。

本机床的自动换刀装置,由刀库及机械手组成。刀库有20个刀位,刀具由可编程序控制器管理,刀具不许设编码和开关,采用任意换刀和最近距离转动的方式。当换刀指令发出后,主轴立即停止旋转,并开始自动定向,主轴箱回零。刀库中处在换刀位置的刀套落下,机械手手臂75°转出抓刀,刀具松开手臂下降拔刀,手臂转位180°后上升插刀,刀具夹紧,手臂180°油缸返回,手臂75°转回刀套上,完成整套换刀动作。

5. 主轴结构及自动夹紧刀具机构

本机床的主轴结构为:前支承配置高精度三列组合式DBD型向心推力球轴承,并用隔套保证轴承的预紧力,后支承采用浮动放置的二列DB型向心推力球轴承。通过轴承的预加负荷提高了轴承的接触刚性,因此主轴系统刚性高,能满足强力切削的要求。

自动夹紧刀具机构如图11.2所示。由拉杆、蝶形弹簧、松开油缸和夹爪等部分组成。蝶形弹簧通过拉杆、夹爪拉住刀柄尾部拉钉,拉刀机构的拉刀力为1 t左右。松刀时,位于主轴上方的松刀油缸活塞在压力油的作用下推动拉杆,压缩蝶形弹簧向前移动,直至夹爪前端外侧落入主轴前端槽内,拉杆继续前进将刀柄推出主轴孔0.2 mm左右,松刀结束。松刀力为1.3 t左右。在松刀过程中压缩空气被送入拉杆中部孔中。

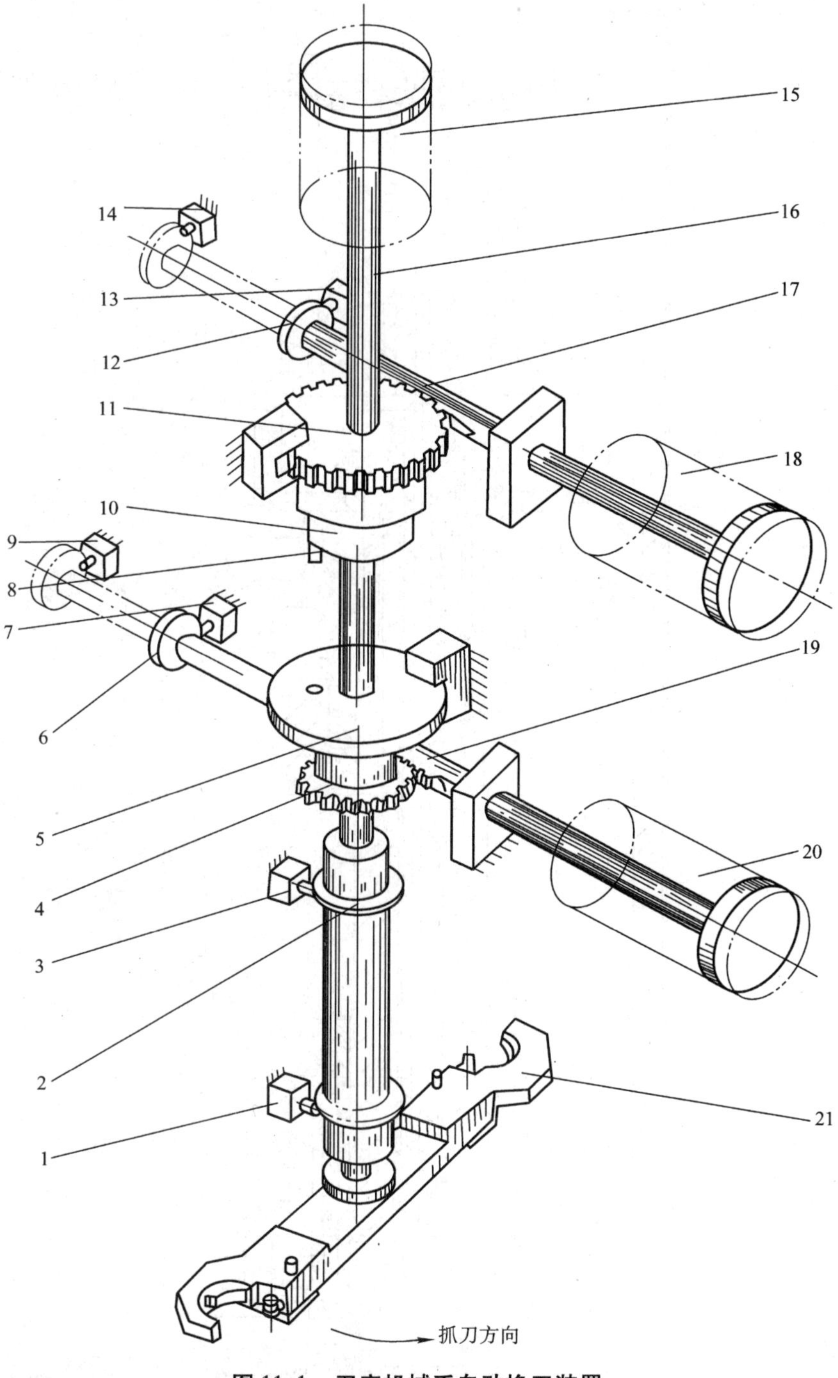


**图 11.1 刀库机械手自动换刀装置**

1,3,7,9,13,14—行程开关;2,16—轴;4,11—齿轮;5—连接盘;6,12—挡环;8—销子;10—传动盘;15,18,20—油缸;17,19—齿条;21—机械手

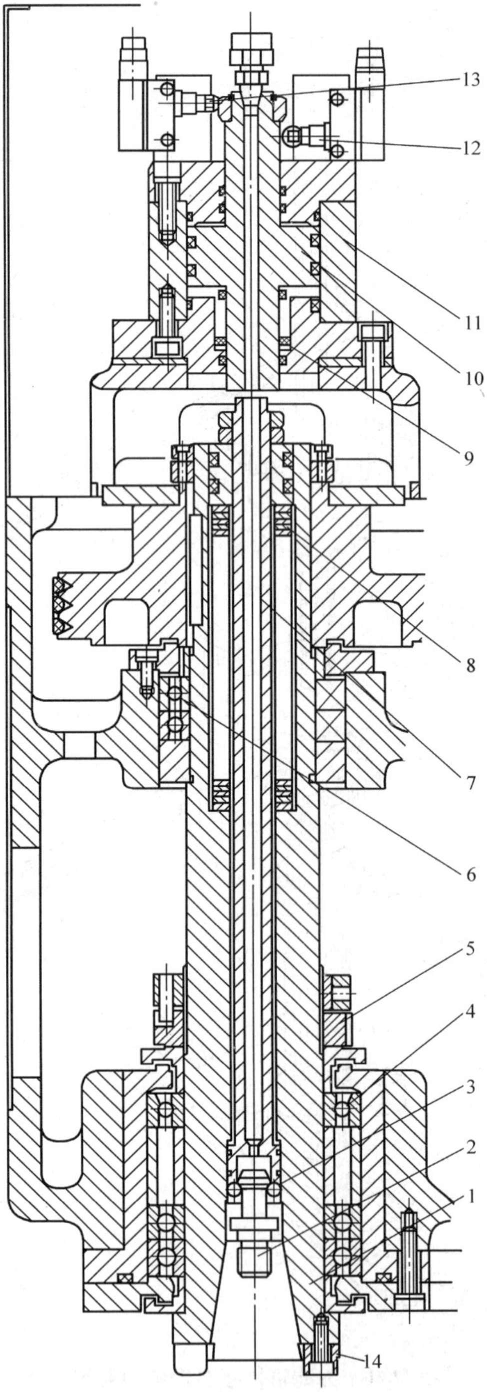


**图 11.2　自动夹紧刀具及清扫机构**

1—主轴;2—拉钉;3—钢球;4—前支承;5—调整螺母;6—后支承;7—拉杆;
8—碟形弹簧;9—弹簧;10—活塞;11—液压缸;12,13—行程开关;14—端面键

6. 工作安全注意事项

1)实际操作基本常识

(1)线路断电时,应立即关断主控制开关。

(2)使用指定的润滑油。

(3)更换保险时,应使用规定容量的保险丝。

(4) NC 装置、操作盘、电控柜等不能短路,否则将发生故障或产生误动作。

(5)不要改变参数容量或其他已设定好的电气数据。

2)启动前注意事项

(1)车间接入机床的配电盘必须安装在距机床较远的地方,安装在地面上的配电箱必须加防护,以防切屑进入引起短路。

(2)第一次使用机床或长期闲置后使用机床时,各润滑部位必须加注润滑油,用润滑泵的手动拉手使润滑油上至导轨。

(3)检查润滑油箱、冷却油箱的油量,保证油量在规定的油位线上。

(4)检查各开关的动作灵活性。

3)准备工作注意事项

(1)刀具的长度应在所规定的范围内,以防干涉。

(2)装刀后要试运行。

4)操作注意事项

(1)不要留长发工作,要将长发盘起并戴安全帽。

(2)不要戴手套操作开关,否则会产生误动作。

(3)在调整冷却喷嘴的流量开关时应停机进行。

(4)不要触摸正在加工的工件或者运转的主轴。

(5)机床在加工工件过程中,不要用手或者其他东西清扫切屑,须待机床停机后,用刷子清刷或用清洁液冲洗。

(6)在刀库更换任何刀具或者清洁刀柄时都要停机。

(7)在机床正常工作过程中,不能打开各部分的门。

(8)在进行强力切削时,要特别注意防止切屑触及身体。

7. 数控加工中心编程实例

编写图 11.3 所示孔系零件的数控程序,其中 11 ~ 13 号孔已经过粗加工。在补偿号 No. 01 设定补偿量 +200. 0,在补偿号 No. 02 设定补偿量 +190. 0,在补偿号 No. 03 中设定补偿量 +150. 0。

参考程序如下:

```
O0010;                                  程序号
N0010 G92 X0.0 Y0.0 Z0.0;               设置工件坐标系
N0020 G90 G00 Z250.0 T01 M06;           刀具交换
N0030 G43 Z0.0 H01;                     建立刀具长度补偿
```

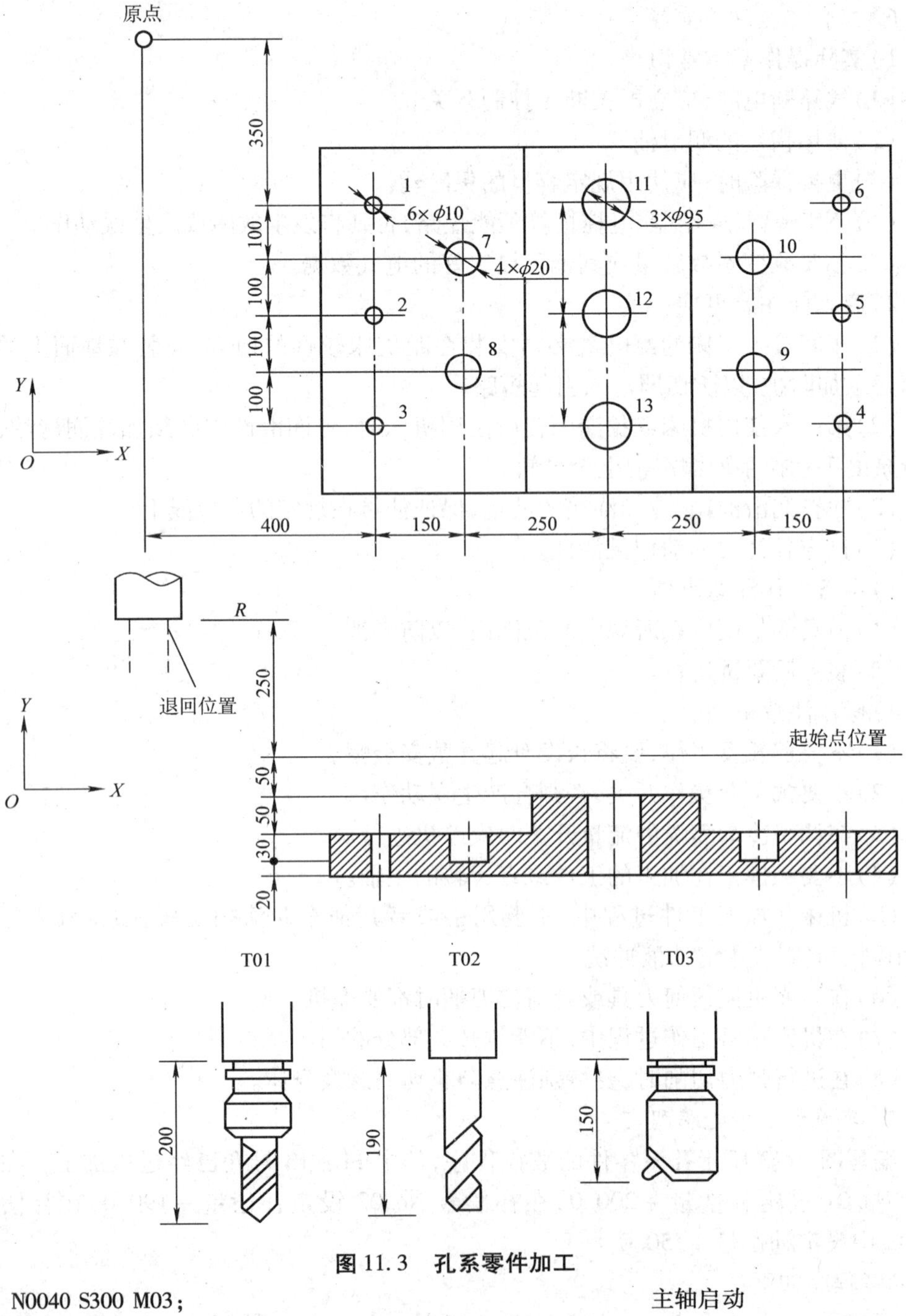


**图 11.3　孔系零件加工**

N0040 S300 M03;　　主轴启动

N0050 G99 C81 X400.0 Y－350.0 Z－153.0 R－97.0 F120;　　定位,钻 1 孔

N0060 Y－550.0;　　定位,钻 2 孔,返回 *R* 平面

N0070 G98 Y－750.0;　　定位,钻 3 孔,返回初始平面

N0080 G99 X1200.0;　　定位,钻 4 孔,返回 *R* 平面

| | |
|---|---|
| N0090 Y－550.0; | 定位,钻5孔,返回*R*平面 |
| N0100 G98 Y－350.0; | 定位,钻6孔,返回初始平面 |
| N0110 G49 G00 Z250.0; | 取消刀具长度补偿 |
| N0120 G28 Z350.0 T02 M06; | 刀具交换 |
| N0130 G43 Z0.0 H02; | 建立刀具长度补偿 |
| N0140 S200 M03; | 主轴启动 |
| N0150 G99 G82 X550.0 Y－450.0 Z－130.0 R－97.0 P300 F300; | 定位,钻7孔,返回*R*平面 |
| N0160 G98 Y－650.0; | 定位,钻8孔,返回初始平面 |
| N0170 G99 X1050.0; | 定位,钻9孔,返回*R*平面 |
| N0180 G98 Y－450.0; | 定位,钻10孔,返回初始平面 |
| N0190 G49 G00 Z250.0; | 取消刀具长度补偿 |
| N0200 G28 Z350.0 T03 M06; | 刀具交换 |
| N0210 G43 Z0.0 H03; | 建立刀具长度补偿 |
| N0220 S100 M03; | 主轴启动 |
| N0230 G99 G85 X800.0 Y－350.0 Z－158.0 R－47.0 F50; | 定位,镗11孔,返回*R*平面 |
| N0240 G91 Y－200.0 K2; | 定位,镗12、13孔,返回*R*平面 |
| N0250 G28 X0.0 Y0.0 M05; | 返回参考点,主轴停止 |
| N0260 G90 G49 G00 Z350.0; | 取消刀具长度补偿 |
| N0270 M30; | 程序结束 |

## 四、实训思考题

(1)加工中心主轴结构为什么必须设计主轴定向停止装置?

(2)立式加工中心和卧式加工中心各自的特点和应用范围是什么?

(3)加工中心和数控铣床的结构有什么不同?

(4)简述加工典型零件的加工原理和加工程序。零件图如图11.4所示。

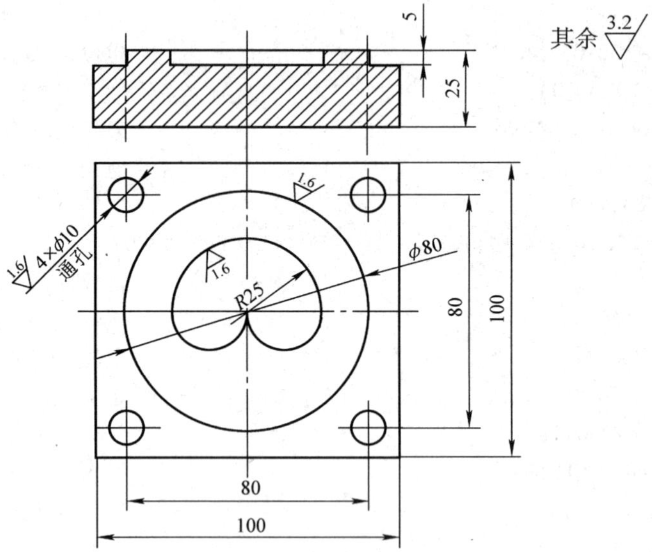


图 11.4 典型零件

## 五、实训报告

（按 81 页附表完成）

# 附表　实训报告

<table>
<tr><td>专业班级</td><td></td><td>学号</td><td></td><td>姓名</td><td></td></tr>
<tr><td>实训地点</td><td></td><td>指导教师</td><td></td><td>实训日期</td><td></td></tr>
<tr><td>实训名称</td><td colspan="5"></td></tr>
<tr><td>实训目的<br>及要求</td><td colspan="5"></td></tr>
<tr><td>实训所用的<br>设备、仪器、<br>附件、备件</td><td colspan="5"></td></tr>
<tr><td>实训内容与步骤</td><td colspan="5"></td></tr>
<tr><td>实训结果<br>与数据处理</td><td colspan="5"></td></tr>
<tr><td>分析与讨论</td><td colspan="5"></td></tr>
<tr><td>回答思考题</td><td colspan="5"></td></tr>
<tr><td>教师评语</td><td colspan="5"></td></tr>
<tr><td>成绩</td><td></td><td>教师签名</td><td></td><td>日期</td><td></td></tr>
</table>

# 附录 A

## 车工国家职业标准(摘录)

### 工作要求

本标准对初级、中级、高级、技师、高级技师的技能要求依次递进,高级别包括低级别的要求。在“工作内容”栏内未标注“普通车床”或“数控车床”的,均为两者通用。(数控车工从中级工开始,至技师止)

一、初级

| 职业功能 | 工作内容 | 技能要求 | 相关知识 |
|---|---|---|---|
| 一)工艺准备 | (一)读图与绘图 | 能读懂轴、套和圆锥、螺纹及圆弧等简单零件图 | 简单零件的表达方法,各种符号的含义 |
| | (二)制定加工工艺 | 1)能读懂轴、套和圆锥、螺纹及圆弧等简单零件的机械加工工艺过程<br>2)能制定简单零件的车削加工顺序(工步)<br>3)能合理选择切削用量<br>4)能合理选择切削液 | 1)简单零件的车削加工顺序<br>2)车削用量的选择方法<br>3)切削液的选择方法 |
| | (三)工件定位与夹紧 | 能使用车床通用夹具和组合夹具将工件正确定位与夹紧 | 1)工件正确定位与夹紧的方法<br>2)车床通用夹具的种类、结构与使用方法 |
| | (四)刀具准备 | 1)能合理选用车床常用刀具<br>2)能刃磨普通车刀及标准麻花钻头 | 1)车削常用刀具的种类与用途<br>2)车刀几何参数的定义、常用几何角度的表示方法及其与切削性能的关系<br>3)车刀与标准麻花钻头的刃磨方法 |
| | (五)设备维护保养 | 能简单维护保养普通车床 | 普通车床的润滑及常规保养方法 |

续表

| 职业功能 | 工作内容 | 技能要求 | 相关知识 |
|---|---|---|---|
| 二)工件加工 | (一)轴类零件的加工 | 1)能车削3个以上台阶的普通台阶轴,并达到<br>(1)同轴度公差为0.05 mm<br>(2)表面粗糙度为$R_a$3.2 μm<br>(3)公差等级为IT8<br>2)能进行滚花加工及抛光加工 | 1)台阶轴的车削方法<br>2)滚花加工及抛光加工的方法 |
| | (二)套类零件的加工 | 能车削套类零件,并达到<br>(1)公差等级:外径为IT7,内孔为IT8<br>(2)表面粗糙度为$R_a$3.2 μm | 套类零件钻、扩、镗、铰的方法 |
| | (三)螺纹的加工 | 能车削普通螺纹、英制螺纹及管螺纹 | 1)普通螺纹的种类、用途及计算方法<br>2)螺纹车削方法<br>3)攻、套螺纹前螺纹底径及杆径的计算方法 |
| | (四)锥面及成形面的加工 | 能车削具有内、外圆锥面工件的锥面及球类工件、曲线手柄等简单成形面,并进行相应的计算和调整 | 1)圆锥的种类、定义及计算方法<br>2)圆锥的车削方法<br>3)成形面的车削方法 |
| 三、精度检验及误差分析 | (一)内外径、长度、深度、高度的检验 | 1)能使用游标卡尺、千分尺、内径百分表测量直径及长度<br>2)能用塞规及卡规测量孔径及外径 | 1)使用游标卡尺、千分尺、内径百分表测量工件的方法<br>2)塞规和卡规的结构及使用方法 |
| | (二)锥度及成形面的检验 | 1)能用角度样板、万能角度尺测量锥度<br>2)能用涂色法检验锥度<br>3)能用曲线样板或普通量具检验成形面 | 1)使用角度样板、万能角度尺测量锥度的方法<br>2)锥度量规的种类、用途及涂色法检验锥度的方法<br>3)成形面的检验方法 |
| | (三)螺纹检验 | 1)能用螺纹千分尺测量三角螺纹的中径<br>2)能用三针测量螺纹中径<br>3)能用螺纹环规及塞规对螺纹进行综合检验 | 1)螺纹千分尺的结构、原理及使用、保养方法<br>2)三针测量螺纹中径的方法及千分尺读数的计算方法<br>3)螺纹环规及塞规的结构及使用方法 |

## 二、中级

| 职业功能 | 工作内容 | | 技能要求 | 相关知识 |
|---|---|---|---|---|
| 一)工艺准备 | (一)读图与绘图 | | 1)能读懂主轴、蜗杆、丝杠、偏心轴、两拐曲轴、齿轮等中等复杂程度的零件工作图<br>2)能绘制轴、套、螺钉、圆锥体等简单零件的工作图<br>3)能读懂车床主轴、刀架、尾座等简单机构的装配图 | 1)复杂零件的表达方法<br>2)简单零件工作图的画法<br>3)简单机构装配图的画法 |
| | (二)制定加工工艺 | 普通车床 | 1)能读懂蜗杆、双线螺纹、偏心件、两拐曲轴、薄壁工件、细长轴、深孔件及大型回转体工件等较复杂零件的加工工艺规程<br>2)能制定使用四爪单动卡盘装夹的较复杂零件、双线螺纹、偏心件、两拐曲轴、细长轴、薄壁件、深孔件及大型回转体零件等的加工顺序 | 使用四爪单动卡盘加工较复杂零件、双线螺纹、偏心件、两拐曲轴、细长轴、薄壁件、深孔件及大型回转体零件等的加工顺序 |
| | | 数控车床 | 能编制台阶轴类和法兰盘类零件的车削工艺卡。主要内容有<br>(1)能正确选择加工零件的工艺基准<br>(2)能决定工步顺序、工步内容及切削参数 | 1)数控车床的结构特点及其与普通车床的区别<br>2)台阶轴类、法兰盘类零件的车削加工工艺知识<br>3)数控车床工艺编制方法 |
| | (三)工件定位与夹紧 | | 1)能正确装夹薄壁、细长、偏心类工件<br>2)能合理使用四爪单动卡盘、花盘及弯板装夹外形较复杂的简单箱体工件 | 1)定位夹紧的原理及方法<br>2)车削时防止工件变形的方法<br>3)复杂外形工件的装夹方法 |
| | (四)刀具准备 | 普通车床 | 1)能根据工件材料、加工精度和工作效率的要求,正确选择刀具的形式、材料及几何参数<br>2)能刃磨梯形螺纹车刀、圆弧车刀等较复杂的车削刀具 | 1)车削刀具的种类、材料及几何参数的选择原则<br>2)普通螺纹车刀、成形车刀的种类及刃磨知识 |
| | | 数控车床 | 能正确选择和安装刀具,并确定切削参数 | 1)数控车床刀具的种类、结构及特点<br>2)数控车床对刀具的要求 |

**续表**

| 职业功能 | 工作内容 | | 技能要求 | 相关知识 |
|---|---|---|---|---|
| 一)工艺准备 | (五)编制程序 | 数控车床 | 1)能编制带有台阶、内外圆柱面、锥面、螺纹、沟槽等轴类、法兰盘类零件的加工程序<br>2)能手工编制含直线插补、圆弧插补二维轮廓的加工程序 | 1)几何图形中直线与直线、直线与圆弧、圆弧与圆弧的交点的计算方法<br>2)机床坐标系及工件坐标系的概念<br>3)直线插补与圆弧插补的意义及坐标尺寸的计算<br>4)手工编程的各种功能代码及基本代码的使用方法<br>5)主程序与子程序的意义及使用方法<br>6)刀具补偿的作用及计算方法 |
| | (六)设备维护保养 | 普通车床 | 1)能根据加工需要对机床进行调整<br>2)能在加工前对普通车床进行常规检查<br>3)能及时发现普通车床的一般故障 | 1)普通车床的结构、传动原理及加工前的调整<br>2)普通车床常见的故障现象 |
| | | 数控车床 | 1)能在加工前对车床的机、电、气、液开关进行常规检查<br>2)能进行数控车床的日常保养 | 1)数控车床的日常保养方法<br>2)数控车床操作规程 |
| 二)工件加工 | 普通车床 | (一)轴类零件的加工 | 能车削细长轴并达到<br>(1)长径比:$L/D \geqslant 25 \sim 60$<br>(2)表面粗糙度为 $R_a 3.2\ \mu m$<br>(3)公差等级为IT9<br>(4)直线度公差等级为IT9～IT12 | 细长轴的加工方法 |
| | | (二)偏心件、曲轴的加工 | 能车削两个偏心的偏心件、两拐曲轴、非整圆孔工件,并达到<br>(1)偏心距公差等级为IT9<br>(2)轴颈公差等级为IT6<br>(3)孔径公差等级为IT7<br>(4)孔距公差等级为IT8<br>(5)轴心线平行度为0.02/100 mm<br>(6)轴颈圆柱度为0.013 mm<br>(7)表面粗糙度为 $R_a 1.6\ \mu m$ | 1)偏心件的车削方法<br>2)两拐曲轴的车削方法<br>3)非整圆孔工件的车削方法 |

续表

| 职业功能 | 工作内容 | | 技能要求 | 相关知识 |
|---|---|---|---|---|
| 二)工件加工 | 普通车床 | (三)螺纹、蜗杆的加工 | 1)能车削梯形螺纹、矩形螺纹、锯齿形螺纹等<br>2)能车削双头蜗杆 | 1)梯形螺纹、矩形螺纹及锯齿形螺纹的用途及加工方法<br>2)蜗杆的种类、用途及加工方法 |
| | | (四)大型回转表面的加工 | 能使用立车或大型卧式车床车削大型回转表面的内外圆锥面、球面及其他曲面工件 | 在立车或大型卧式车床上加工内外圆锥面、球面及其他曲面的方法 |
| | 数控车床 | (一)输入程序 | 1)能手工输入程序<br>2)能使用自动程序输入装置<br>3)能进行程序的编辑与修改 | 1)手工输入程序的方法及自动程序输入装置的使用方法<br>2)程序的编辑与修改方法 |
| | | (二)对刀 | 1)能进行试切对刀<br>2)能使用机内自动对刀仪器<br>3)能正确修正刀补参数 | 试切对刀方法及机内对刀仪器的使用方法 |
| | | (三)试运行 | 能使用程序试运行、分段运行及自动运行等切削运行方式 | 程序的各种运行方式 |
| | | (四)简单零件的加工 | 能在数控车床上加工外圆、孔、台阶、沟槽等 | 数控车床操作面板各功能键及开关的用途和使用方法 |
| 三)精度检验及误差分析 | (一)高精度轴向尺寸、理论交点尺寸及偏心件的测量 | | 1)能用量块和百分表测量公差等级为IT9的轴向尺寸<br>2)能间接测量一般理论交点尺寸<br>3)能测量偏心距及两平行非整圆孔的孔距 | 1)量块的用途及使用方法<br>2)理论交点尺寸的测量与计算方法<br>3)偏心距的检测方法<br>4)两平行非整圆孔孔距的检测方法 |
| | (二)内外圆锥检验 | | 1)能用正弦规检验锥度<br>2)能用量棒、钢球间接测量内、外锥体 | 1)正弦规的使用方法及测量计算方法<br>2)利用量棒、钢球间接测量内、外锥体的方法与计算方法 |
| | (三)多线螺纹与蜗杆的检验 | | 1)能进行多线螺纹的检验<br>2)能进行蜗杆的检验 | 1)多线螺纹的检验方法<br>2)蜗杆的检验方法 |

## 三、高级

| 职业功能 | 工作内容 | | 技能要求 | 相关知识 |
| --- | --- | --- | --- | --- |
| 一)工艺准备 | (一)读图与绘图 | | 1)能读懂多线蜗杆、减速器壳体、三拐以上曲轴等复杂畸形零件的工作图<br>2)能绘制偏心轴、蜗杆、丝杠、两拐曲轴的零件工作图<br>3)能绘制简单零件的轴测图<br>4)能读懂车床主轴箱、进给箱的装配图 | 1)复杂畸形零件图的画法<br>2)简单零件轴测图的画法<br>3)读车床主轴箱、进给箱装配图的方法 |
| | (二)制定加工工艺 | | 1)能制定简单零件的加工工艺规程<br>2)能制定三拐以上曲轴、有立体交叉孔的箱体等畸形、精密零件的车削加工顺序<br>3)能制定在立车或落地车床上加工大型、复杂零件的车削加工顺序 | 1)简单零件加工工艺规程的制定方法<br>2)畸形、精密零件的车削加工顺序的制定方法<br>3)大型、复杂零件的车削加工顺序的制定方法 |
| | (三)工件定位与夹紧 | 普通车床 | 1)能合理选择车床通用夹具、组合夹具和调整专用夹具<br>2)能分析计算车床夹具的定位误差<br>3)能确定立体交错两孔及多孔工件的装夹与调整方法 | 1)组合夹具和调整专用夹具的种类、结构、用途和特点以及调整方法<br>2)夹具定位误差的分析与计算方法<br>3)立体交错两孔及多孔工件在车床上的装夹与调整方法 |
| | | 数控车床 | 1)能使用、调整三爪自定心卡盘、尾座顶尖及液压高速动力卡盘并配置软爪<br>2)能正确使用和调整液压自动定心中心架<br>3)能正确选择、使用、调整刀架 | 1)三爪自定心卡盘、尾座顶尖及液压高速动力卡盘的使用、调整方法<br>2)液压自动定心中心架的特点、使用及安装调试方法<br>3)刀架的种类、用途及使用、调整方法 |
| | (四)刀具准备 | 普通车床 | 1)能正确选用及刃磨群钻、机夹车刀等常用先进车削刀具<br>2)能正确选用深孔加工刀具,并能安装和调整<br>3)能在保证工件质量及生产效率的前提下延长车刀寿命 | 1)常用先进车削刀具的用途、特点及刃磨方法<br>2)深孔加工刀具的种类及选择、安装、调整方法<br>3)延长车刀寿命的方法 |
| | | 数控车床 | 能正确选择刀架上的常用刀具 | 刀架上常用刀具的知识 |

续表

| 职业功能 | 工作内容 | | 技能要求 | 相关知识 |
|---|---|---|---|---|
| 一)工艺准备 | (五)编制程序 | 数控车床 | 能手工编制较复杂的、带有二维圆弧曲面零件的车削程序 | 较复杂圆弧与圆弧交点的计算方法 |
| | (六)设备维护保养 | 普通车床 | 能判断车床的一般机械故障 | 车床常见机械故障及排除办法 |
| | | 数控车床 | 1)能阅读编程错误、超程、欠压、缺油等报警信息,并排除一般故障<br>2)能完成机床定期维护保养 | 1)数控车床报警信息的内容及解除方法<br>2)数控车床定期维护保养的方法<br>3)数控车床液压原理及常用液压元件 |
| 二)工件加工 | 普通车床 | (一)套、深孔、偏心件、曲轴的加工 | 1)能加工深孔并达到<br>(1)长径比:$L/D \geqslant 10$<br>(2)公差等级为IT8<br>(3)表面粗糙度为$R_a3.2\ \mu m$<br>(4)圆柱度公差等级不小于IT9<br>2)能车削轴线在同一轴向平面内的三偏心外圆和三偏心孔,并达到<br>(1)偏心距公差等级为IT9<br>(2)轴径公差等级为IT6<br>(3)孔径公差等级为IT8<br>(4)对称度为0.15 mm<br>(5)表面粗糙度为$R_a1.6\ \mu m$ | 1)深孔加工的特点及深孔工件的车削方法、测量方法<br>2)偏心件加工的特点及三偏心工件的车削方法、测量方法 |
| | | (二)螺纹、蜗杆的加工 | 能车削三线以上蜗杆,并达到<br>(1)精度为9级<br>(2)节圆跳动为0.015 mm<br>(3)齿面粗糙度为$R_a1.6\ \mu m$ | 多线蜗杆的加工方法 |
| | | (三)箱体孔的加工 | 1)能车削立体交错的两孔或三孔<br>2)能车削与轴线垂直且偏心的孔<br>3)能车削同内球面垂直且相交的孔<br>4)能车削两半箱体的同心孔<br>以上4项均达到<br>(1)孔距公差等级为IT9<br>(2)偏心距公差等级为IT9<br>(3)孔径公差等级为IT9<br>(4)孔中心线相互垂直为0.05 mm/100 mm<br>(5)位置度为0.1 mm<br>(6)表面粗糙度为$R_a1.6\ \mu m$ | 1)车削及测量立体交错孔的方法<br>2)车削与回转轴垂直且偏心的孔的方法<br>3)车削与内球面垂直且相交的孔的方法<br>4)车削两半箱体的同心孔的方法 |

续表

| 职业功能 | 工作内容 | | 技能要求 | 相关知识 |
|---|---|---|---|---|
| 二)普通车床 | 数控车床 | 较复杂零件的加工 | 能加工带有二维圆弧曲面的较复杂零件 | 在数控车床上利用多重复合循环加工带有二维圆弧曲面的较复杂零件的方法 |
| 三)精度检验及误差分析 | 复杂、畸形机械零件的精度检验及误差分析 | | 1)能对复杂、畸形机械零件进行精度检验<br>2)能根据测量结果分析产生车削误差的原因 | 1)复杂、畸形机械零件精度的检验方法<br>2)车削误差的种类及产生原因 |

四、技师

| 职业功能 | 工作内容 | | 技能要求 | 相关知识 |
|---|---|---|---|---|
| 一)工艺准备 | (一)读图与绘图 | | 1)能根据实物或装配图绘制或拆画零件图<br>2)能绘制车床常用工装的装配图及零件图 | 1)零件的测绘方法<br>2)根据装配图拆画零件图的方法<br>3)车床工装装配图的画法 |
| | (二)制定加工工艺 | | 1)能编制典型零件的加工工艺规程<br>2)能对零件的车削工艺进行合理性分析,并提出改进建议 | 1)典型零件加工工艺规程的编制方法<br>2)车削工艺方案合理性的分析方法及改进措施 |
| | (三)工件定位与夹紧 | | 1)能设计、制作装夹薄壁、偏心工件的专用夹具<br>2)能对现有的车床夹具进行误差分析并提出改进建议 | 1)薄壁、偏心工件专用夹具的设计与制造方法<br>2)车床夹具的误差分析及消减方法 |
| | (四)刀具准备 | 普通车床 | 能推广使用镀层刀具、机夹刀具、特殊形状及特殊材料刀具等新型刀具 | 新型刀具的种类、特点及应用 |
| | | 数控车床 | 能根据有关参数选择合理刀具 | 刀具参数的设定方法 |
| | (五)编制程序 | 数控车床 | 1)能用计算机软件编制车削程序<br>2)能用计算机软件编制车削中心程序 | 1) CAD/CAM 软件的使用方法<br>2)车削中心的原理及编程方法 |
| | (六)设备维护保养 | 普通车床 | 1)能进行车床几何精度及工作精度的检验<br>2)能分析并排除普通车床常见的气路、液路、机械故障 | 1)车床几何精度及工作精度检验的内容和方法<br>2)排除普通车床液(气)路机械故障的方法 |

续表

<table>
<tr><th>职业功能</th><th colspan="2">工作内容</th><th>技能要求</th><th>相关知识</th></tr>
<tr><td>一)工艺准备</td><td>(六)设备维护保养</td><td>数控车床</td><td>1)能根据数控车床的结构、原理,诊断并排除液压及机械故障<br>2)能进行数控车床定位精度和重复定位精度及工作精度的检验<br>3)能借助词典看懂进口数控设备相关外文标牌及使用规范的内容</td><td>1)数控车床常见故障的诊断与排除方法<br>2)数控车床定位精度和重复定位精度及工作精度的检验方法<br>3)进口数控设备常用标牌及使用规范英汉对照表</td></tr>
<tr><td rowspan="5">二)工件加工</td><td rowspan="4">普通车床</td><td>(一)大型、精密轴类工件的加工</td><td>能车削精密机床主轴等大型、精密轴类工件</td><td>大型、精密轴类工件的特点及加工方法</td></tr>
<tr><td>(二)偏心件、曲轴的加工</td><td>1)能车削3个偏心距相等且呈120°分布的高难度偏心工件<br>2)能车削六拐以上的曲轴<br>以上两项均达到<br>(1)偏心距公差等级为IT9<br>(2)直径公差等级为IT6<br>(3)表面粗糙度为 $R_a 1.6\ \mu m$</td><td>1)高难度偏心工件的车削方法<br>2)六拐曲轴的车削方法</td></tr>
<tr><td>(三)复杂螺纹的加工</td><td>能在普通车床上车削渐厚蜗杆及不等距蜗杆</td><td>渐厚蜗杆及不等距蜗杆的加工方法</td></tr>
<tr><td>(四)复杂套件的加工</td><td>能对5件以上的复杂套件进行零件加工和组装,并保证装配图上的技术要求</td><td>复杂套件的加工方法</td></tr>
<tr><td>数控车床</td><td>复杂工件的加工</td><td>能对适合在车削中心加工的带有车削、铣削、磨削等工序的复杂工件进行加工</td><td>1)铣削加工和磨削加工的基本知识<br>2)车削加工中心加工复杂工件的方法</td></tr>
<tr><td>三)精度检验及误差分析</td><td colspan="2">误差分析</td><td>能根据测量结果分析产生误差的原因,并提出改进措施</td><td>车削加工中消除或减少加工误差的知识</td></tr>
<tr><td rowspan="2">四)培训指导</td><td colspan="2">(一)指导操作</td><td>能指导本职业初、中、高级工进行实际操作</td><td rowspan="2">培训教学的基本方法</td></tr>
<tr><td colspan="2">(二)理论培训</td><td>能讲授本专业技术理论知识</td></tr>
</table>

续表

| 职业功能 | 工作内容 | 技能要求 | 相关知识 |
|---|---|---|---|
| 五)管理 | (一)质量管理 | 1)能在本职工作中认真贯彻各项质量标准<br>2)能应用全面质量管理知识,实现操作过程的质量分析与控制 | 1)相关质量标准<br>2)质量分析与控制方法 |
| | (二)生产管理 | 1)能组织有关人员协同作业<br>2)能协助部门领导进行生产计划、调度及人员的管理 | 生产管理基本知识 |

# 附录 B

## 铣工国家职业标准(摘录)

### 工作要求

本标准对初级、中级、高级、技师、高级技师的技能要求依次递进,高级别包括低级别的要求。在“工作内容”栏内未标注“普通铣床”或“数控铣床”的,均为两者通用。

一、初级

| 职业功能 | 工作内容 | 技能要求 | 相关知识 |
|---|---|---|---|
| 一)工艺准备 | (一)读图与绘图 | 能读懂带斜面的矩形体、带槽或键的轴、套筒、带台阶或沟槽的多面体等简单零件图 | 1)简单零件的表示方法<br>2)绘制平行垫铁等简单零件草图的方法 |
| | (二)制定加工工艺 | 1)能读懂平面、连接面、沟槽、花键轴等简单零件的工艺规程图<br>2)能制定简单工件的铣削加工顺序<br>3)能合理选择切削用量<br>4)能合理选择铣削用切削液 | 1)平面、连接面、沟槽、花键轴等简单零件的铣削工艺<br>2)铣削液用量及选择方法<br>3)铣削用切削液及选择方法 |
| | (三)工件定位与夹紧 | 能正确使用铣床通用夹具和专用夹具 | 1)铣床通用夹具的种类、结构和使用方法<br>2)专用夹具的特点和使用方法 |
| | (四)刀具准备 | 1)能合理选用常用铣刀<br>2)能在铣床上正确安装铣刀 | 1)铣刀各部位名称和作用<br>2)铣刀的安装和调整方法 |
| | (五)设备调整及维护保养 | 能进行普通铣床的日常维护保养和润滑 | 普通铣床的维护保养方法 |

续表

| 职业功能 | 工作内容 | 技能要求 | 相关知识 |
|---|---|---|---|
| 二)工件加工 | (一)平面和连接面的加工 | 能铣矩形工件和连接面并达到<br>1)尺寸公差等级为IT9<br>2)垂直度和平行度为IT7<br>3)表面粗糙度为$R_a3.2$ μm<br>4)斜面的尺寸公差等级为IT12、IT11,角度公差为±15′ | 平面和连接面的铣削方法 |
| | (二)台阶、沟槽和键槽的加工及切断 | 能铣台阶和直角沟槽、键槽、特形沟槽,并达到<br>1)表面粗糙度为$R_a3.2$ μm<br>2)尺寸公差等级为IT9<br>3)平行度为IT7,对称度为IT9<br>4)特形沟槽尺寸公差等级为IT11 | 1)台阶和直角沟槽的铣削方法<br>2)键槽的铣削方法<br>3)工件的切断及铣窄槽的方法<br>4)特形槽的铣削方法 |
| | (三)分度头的应用及加工角度面和刻线 | 能铣角度面或在圆柱、圆锥和平面上刻线,并达到<br>1)铣角度面时,尺寸公差等级为IT9;对称度为IT8;角度公差为±5′<br>2)刻线要求线条清晰、粗细相等、长短分清、间距准确 | 1)分度方法<br>2)铣角度面时的尺寸计算和调整方法<br>3)利用分度头进行刻线的方法 |
| | (四)花键轴的加工 | 能用单刀或组合铣刀粗铣花键,并达到<br>1)键宽尺寸公差等级为IT10,小径公差等级为IT12<br>2)平行度为IT7,对称度为IT9<br>3)表面粗糙度为$R_a6.3 \sim R_a3.2$ μm | 外花键的铣削知识 |
| 三)精度检验及误差分析 | (一)平面、矩形工件、斜面、台阶、沟槽的检验 | 1)能用游标卡尺、刀口形直尺、千分尺、百分表、90°角尺、万能角度尺、塞规等常用量具检验平面、斜面、台阶、沟槽和键槽等<br>2)能用辅助测量圆棒和常用量具检验沟槽 | 1)使用游标卡尺、刀口形直尺、千分尺、百分表、90°角尺、万能角度尺、游标高度尺、塞规等常用量具测量平面、斜面、台阶、沟槽和键槽的方法<br>2)用辅助测量圆棒和常用量具检验沟槽的方法 |
| | (二)特殊形面的检验 | 能利用分度头和常用量具检验外花键和角度面 | 用分度头和常用量具检验外花键及角度面的方法 |

## 二、中级

| 职业功能 | 工作内容 | 技能要求 | 相关知识 |
|---|---|---|---|
| 一)工艺准备 | (一)读图与绘图 | 1)能读懂等速凸轮、齿轮、离合器、带直线成形面和曲面等中等复杂程度零件的零件图<br>2)能读懂分度头尾架、弹簧夹头套筒、可转位铣刀结构等简单机构的装配图<br>3)能绘制带斜面或沟槽的轴和矩形零件锥套等简单零件图 | 1)复杂零件的表示方法<br>2)齿轮、花键轴及带斜面和沟槽的零件等简单零件图的画法 |

**续表**

| 职业功能 | 工作内容 | | 技能要求 | 相关知识 |
|---|---|---|---|---|
| 一)工艺准备 | (二)制定加工工艺 | 普通铣床 | 1)能读懂复杂零件的铣削加工部分的工艺规程<br>2)能制定平行孔系、离合器、圆柱齿轮和齿条、直齿锥齿轮、成形面、凸轮、圆柱面直齿刀具的铣削加工顺序<br>3)龙门铣床操作人员能制定大型零件和箱体零件上各平面的加工顺序 | 1)平行孔系、离合器、齿轮和齿条成形面、凸轮、锥齿轮、圆柱面、直齿槽、刀具等较复杂零件的铣削加工部分的工艺<br>2)龙门铣操作人员应懂得大型工件和箱体的加工工艺 |
| | | 数控铣床 | 能编制矩形体、平行孔系、圆弧曲面等一般难度工件的铣削工艺。其主要内容有<br>1)正确选择加工零件的工艺基准<br>2)决定工步顺序及工步内容和切削参数 | 1)一般复杂程度工件的铣削工艺<br>2)数控铣床的工艺编制 |
| | (三)编制程序 | 数控铣床 | 能编制简单的铣床加工程序 | 1)机床坐标系及工件坐标系知识<br>2)数控编程的基本知识 |
| | (四)工件定位与夹紧 | 普通铣床 | 1)能正确装夹薄壁、细长、带斜面的工件<br>2)能合理使用回转工作台和压板等,装夹外形较复杂的工件<br>3)能正确使用组合夹具 | 1)定位、夹紧的原理及方法<br>2)复杂形状工件和容易变形工件的装夹方法<br>3)专用夹具和组合夹具的结构和使用方法 |
| | | 数控铣床 | 1)能正确选择工件的定位基准<br>2)能正确使用铣床常用夹具及气动、液压自动夹紧装置 | 气动、液压自动夹紧装置的使用方法 |
| | (五)刀具准备 | 普通铣床 | 1)能根据工件材料、加工精度和工作效率的要求,正确选择刀具的材料牌号和几何参数<br>2)能合理选用铣削刀具 | 1)铣刀几何参数的意义及其作用<br>2)铣刀切削部分材料的种类、代号(牌号)、性能和用途<br>3)铣刀的结构和特点 |
| | | 数控铣床 | 1)能正确选择和安装数控铣床常用刀具<br>2)能合理选择切削用量 | 1)数控铣削刀具及其切削参数<br>2)数控铣削刀具的种类、结构、性能及用途 |

续表

| 职业功能 | 工作内容 | | 技能要求 | 相关知识 |
|---|---|---|---|---|
| 一)工艺准备 | (六)设备调整及维护保养 | 普通铣床 | 1)能根据加工需要对机床进行调整<br>2)能在加工前对自用铣床进行常规检查<br>3)能及时发现自用铣床的一般故障 | 1)铣床的种类、型号编制及特征和用途<br>2)铣床的结构、传动原理<br>3)铣床的调整及常见故障的排除方法 |
| | | 数控铣床 | 1)能对数控铣床进行调整<br>2)在加工前能对机床进行常规检查<br>3)能进行数控铣床的日常维护保养 | 1)数控铣床的工作原理及调整方法<br>2)数控铣床的操作规程<br>3)数控铣床的日常维护保养方法 |
| 二)工件加工 | 普通铣床 | (一)平面和连接面的加工 | 能铣矩形工件和连接面,达到<br>1)尺寸公差等级为IT7<br>2)平面度为IT7<br>3)垂直度和平行度为IT6、IT5<br>4)表面粗糙度为$R_a1.6$ μm | 提高平面铣削精度的方法 |
| | | (二)台阶沟槽和键槽的加工及切断 | 能铣台阶、沟槽、键槽及特形沟槽,并达到:台阶和直角沟槽的表面粗糙度为$R_a3.2\sim R_a1.6$ μm;尺寸公差等级为IT5 | 提高台阶、沟槽和键槽等加工精度的方法 |
| | | (三)分度头应用及加工角度面和刻线 | 能铣削角度面或在圆柱面、圆锥面和平面上刻线,并达到<br>1)尺寸公差等级为IT5<br>2)角度公差为±3′ | 提高角度面铣削精度及刻线精度的方法 |
| | | (四)花键轴的加工 | 能用花键铣刀半精铣和精铣花键,并达到<br>1)键宽尺寸公差等级为IT9<br>2)不等分累积误差不大于0.04 mm ($D=50\sim80$ mm) | 铣削花键轴提高精度的方法 |
| | | (五)坐标孔的加工 | 能镗轴线平行的孔系(2孔或不在同一直线上的3个孔等),并达到<br>1)孔径尺寸公差等级为IT5<br>2)孔中心距为IT9<br>3)表面粗糙度为$R_a1.6$ μm | 钻孔、铰孔、镗孔、铣孔及加工椭圆孔的方法 |

续表

| 职业功能 | 工作内容 | | 技能要求 | 相关知识 |
|---|---|---|---|---|
| 二)工件加工 | 普通铣床 | (六)圆柱齿轮及齿条的加工 | 能铣直齿和斜齿圆柱齿轮及直齿和斜齿条,并达到精度等级为FJ10 | 1)螺旋槽的铣削方法<br>2)直齿圆柱齿轮的铣削方法<br>3)斜齿圆柱齿轮的铣削方法<br>4)直齿条和斜齿条的铣削方法 |
| | | (七)锥齿轮的加工 | 能铣直齿锥齿轮,并达到公差等级为a12 | 直齿锥齿轮的铣削方法 |
| | | (八)离合器的加工 | 能铣矩形齿、梯形齿、尖形齿、锯形齿和螺旋形齿等齿形离合器,并达到<br>1)等分误差小于±10′<br>2)齿侧表面粗糙度为$R_a3.2$~$R_a1.6$ μm | 牙嵌式离合器的铣削方法 |
| | | (九)成形面、螺旋面及凸轮的加工 | 能用成形铣刀、仿形装置及仿形铣床加工复杂的成形面,并达到<br>1)尺寸公差等级为IT9、IT5<br>2)成形面形状误差不大于0.05 mm<br>3)螺旋面和凸轮的形状(包括导程)误差不大于0.10 mm | 1)直线成形面的铣削方法<br>2)用仿形法加工成形面时的误差分析 |
| | | (十)圆柱面直齿槽刀具的加工 | 能按图样要求加工圆盘形和圆柱形多齿刀具齿槽,并达到<br>1)刀具前角加工误差小于2°<br>2)刀齿处棱边尺寸公差为IT15<br>3)其他要求按图样圆盘或圆柱面 | 直齿刀具齿槽的铣削方法 |
| | 数控铣床 | (一)输入程序 | 1)能手工输入程序<br>2)能使用各种自动程序输入装置<br>3)能进行程序的编辑与修改 | 1)机床坐标系及工件坐标系的含义<br>2)各种程序输入装置的使用方法 |
| | | (二)对刀 | 1)能正确进行试切对刀<br>2)能正确使用各种机内自动对刀仪<br>3)能正确修正刀补 | 1)试切对刀的方法及各种对刀仪器的使用方法<br>2)修正刀补的方法 |

续表

| 职业功能 | 工作内容 | | 技能要求 | 相关知识 |
| --- | --- | --- | --- | --- |
| 二)工件加工 | 数控铣床 | (三)试运行 | 能进行程序试运行、程序分段运行及自动运行等切削运行 | 程序的各种运行方式 |
| | | (四)加工简单工件 | 能加工平行孔系及简单型面 | 平行孔系和简单型面的加工方法 |
| 三)精度检验与误差分析 | (一)平面、矩形工件、斜面、台阶、沟槽的检验 | | 能用常用量具及量块、正弦规、卡规、塞规等检验高精度工件的各部尺寸和角度 | 1)量块、卡规、塞规、水平仪、正弦规的使用和保养方法<br>2)齿轮卡尺、公法线长度千分尺、刀具万能角度尺,以及样板、套规等专用量具的构造原理、使用和保养方法 |
| | (二)特殊形面的检验 | | 1)能进行平行孔系、离合器、齿轮、齿条、成形面、螺旋面、凸轮和刀具齿槽的检验<br>2)能正确使用齿轮卡尺、公法线长度千分尺、样板、刀具、万能角度尺 | |

## 三、高级

| 职业功能 | 工作内容 | | 技能要求 | 相关知识 |
| --- | --- | --- | --- | --- |
| 一)工艺准备 | (一)读图与绘图 | | 1)能读懂螺旋桨、减速箱箱体、多位置非等速圆柱凸轮等复杂、畸形零件图<br>2)能绘制等速凸轮、蜗杆、花键轴、直齿锥齿轮、专用铣刀等中等复杂程度的零件图<br>3)能读懂分度头、回转工作台等一般机构的装配图<br>4)能绘制简单零件的轴测图 | 1)绘制复杂、畸形零件图的方法<br>2)一般机械装配图的表示方法<br>3)绘制简单零件轴测图的方法 |
| | (二)制定加工工艺 | 普通铣床 | 1)能制定简单零件的加工工艺规程<br>2)能制定精密工件的加工顺序<br>3)能制定螺旋齿槽、端面和锥面齿槽、模具型面、蜗轮和蜗杆、非等速凸轮等复杂工件的加工顺序<br>4)能制定大型工件和箱体的铣削加工顺序 | 1)简单零件的工艺规程<br>2)螺旋、端面和锥面刀具齿槽、模具型面、蜗轮、蜗杆、非等速凸轮等复杂或精密工件的加工顺序<br>3)大型工件和箱体的加工顺序 |

**续表**

| 职业功能 | 工作内容 | | 技能要求 | 相关知识 |
|---|---|---|---|---|
| | (二)制定加工工艺 | 数控铣床 | 能够编制具有二维、简单三维型面工件的铣削工艺卡及程序 | 1)具有二维、简单三维型面工件的铣削加工工艺知识<br>2)成形面、凸轮、孔系、模具等较复杂零件的铣削加工工艺 |
| | (三)编制程序 | 数控铣床 | 能够编制较复杂零件的铣削加工程序 | 具有二维、简单三维型面工件的编程方法 |
| | (四)工件定位与夹紧 | 普通铣床 | 1)能应用定位原理对工件进行正确定位和夹紧<br>2)能对难以装夹的和形状复杂的工件提出装夹方案<br>3)能对具有立体交错孔的箱体等复杂工件进行装夹、调整和对刀<br>4)能调整复杂的专用夹具和组合夹具 | 1)夹具的定位原理以及定位误差分析和计算方法<br>2)夹紧机构的种类、夹紧时的受力分析方法<br>3)专用夹具和组合夹具的种类、结构和特点,复杂专用夹具的调整和一般组合夹具的组装方法 |
| | | 数控铣床 | 1)能正确使用和调整铣床用各种夹具<br>2)能设计数控铣床用简单专用夹具 | |
| 一)工艺准备 | (五)刀具准备 | 普通铣床 | 1)能修磨键槽铣刀和专用铣刀等刀具(如键槽铣刀端面刃、加工模具用铣刀和镗孔用刀具等)<br>2)能根据难加工材料的特点,正确选择刀具的材料、结构和参数 | 1)铣刀的刃磨及几何参数的合理选择方法<br>2)铣削难加工材料时,铣刀材料的牌号和几何参数的选择方法 |
| | | 数控铣床 | 能正确选择专用刀具和特殊刀具 | 数控铣床常用刀具的选择方法 |
| | (六)设备调整及维护保养 | 普通铣床 | 1)能对常用铣床进行调整<br>2)能排除铣床的一般故障<br>3)能及时发现铣床的电路故障<br>4)能进行铣床几何精度及工作精度的检验 | 1)根据说明书调整常用铣床的知识<br>2)根据结构图排除机械故障的知识<br>3)铣床的气动、液压元件及其作用<br>4)铣床的电气元件及线路原理图<br>5)铣床精度的检验方法 |
| | | 数控铣床 | 1)能对几种典型的数控铣床进行调整<br>2)能排除编程错误、超程、欠压、缺油等一般故障<br>3)能根据说明书对数控铣床进行日常及定期的维护保养 | 1)数控铣床的各类报警信息的内容及其排除方法<br>2)数控铣床的维护保养方法<br>3)数控铣床的结构及工作原理 |

续表

| 职业功能 | 工作内容 | | 技能要求 | 相关知识 |
| --- | --- | --- | --- | --- |
| 二)工件加工 | 普通铣床 | (一)平面和连接面的加工 | 1)能加工薄型工件,宽厚比:$B/H>10$<br>2)能铣大型和复杂工件<br>3)能进行难加工材料的铣削<br>4)能进行复合斜面的加工<br>并达到<br>1)尺寸公差等级为IT7<br>2)平行度为IT6、IT5<br>3)表面粗糙度为$R_a$1.6 μm<br>4)复合斜面的尺寸公差等级为IT12、IT11 | 1)薄型工件的加工方法<br>2)大型和复杂工件的加工方法<br>3)难加工材料的加工方法<br>4)难加工工件的加工方法<br>5)角度分度的差动分度法<br>6)光学分度头的结构和使用方法 |
| | | (二)台阶、沟槽和键槽的加工及切断 | 能加工精度高的特形沟槽和两条对称的键槽,并达到<br>1)尺寸公差等级为IT5<br>2)对称度为IT5、IT7 | 1)薄型工件的加工方法<br>2)大型和复杂工件的加工方法<br>3)难加工材料的加工方法<br>4)难加工工件的加工方法<br>5)角度分度的差动分度法<br>6)光学分度头的结构和使用方法 |
| | | (三)分度头的应用及加工角度面和刻线 | 能运用角度分度的差动分度法和在光学分度头上进行分度 | |
| | | (四)坐标孔的加工 | 能镗削平行孔系,并达到<br>1)孔径尺寸公差等级为IT7<br>2)孔中心距公差等级为IT5 | 提高镗削平行孔系精度的方法 |
| | | (五)圆柱齿轮和齿条的加工 | 能铣直齿齿条及斜齿齿条,并达到齿条的精度等级为FJ7 | 提高齿条铣削精度的方法 |
| | | (六)锥齿轮的加工 | 能铣大质数齿轮、直齿锥齿轮,并达到精度等级为a12 | 大质数齿轮、直齿锥齿轮的铣削方法 |
| | | (七)离合器的加工 | 能铣复杂齿形的离合器,并达到尖齿离合器的等分误差小于±3′ | 提高齿形离合器铣削精度的方法 |
| | | (八)成形面、曲面和凸轮的加工 | 1)能利用转台铣削螺旋面<br>2)能铣盘形和圆柱形等速凸轮及非等速凸轮等工件,并达到<br>1)尺寸公差等级为IT9、IT5<br>2)成形面形状误差不大于0.05 mm<br>3)螺旋面和凸轮的形状(包括导程)误差不大于0.10 mm | 1)非等速凸轮的铣削方法<br>2)曲面的铣削方法<br>3)球面的铣削方法<br>4)等速圆盘和圆柱凸轮的铣削方法 |

续表

| 职业功能 | 工作内容 | | 技能要求 | 相关知识 |
|---|---|---|---|---|
| 二)工件加工 | 普通铣床 | (九)螺旋齿槽、端面和锥面齿槽的加工 | 能根据图样要求,铣螺旋齿槽、端面齿槽和锥面齿槽,并达到<br>1)刀具前角加工误差小于2″<br>2)其他要求按图样 | 立铣刀、三面刃铣刀、锥度铰刀、角度铣刀和等前角、等螺旋角锥度刀具齿槽的铣削方法 |
| | 普通铣床 | (十)型腔、型面的加工 | 能铣复杂的型腔、型面,能加工较复杂工件和较复杂型面,并达到<br>1)尺寸公差等级为IT5<br>2)形位公差等级为IT7<br>3)表面粗糙度为 $R_a6.3 \sim R_a3.2$ μm | 复杂型腔、型面的铣削方法 |
| | 数控铣床 | 加工较复杂工件 | 能加工较复杂工件和较复杂型面 | 1)大型、复杂工件的加工方法<br>2)难加工材料、难加工工件以及精密工件的加工方法 |
| 三)精度检验及误差分析 | 螺旋齿、模具型面及复杂大型工件的检验 | | 1)能进行螺旋齿槽、端面齿槽、锥面齿槽、模具型面及复杂大型工件的检验<br>2)能正确使用杠杆千分尺、扭簧比较仪、水平仪、光学分度头等精密量具和量仪进行检验 | 1)复杂型面及大型工件的检验方法<br>2)精密量具和量仪及光学分度头的构造原理和使用、保养方法<br>3)数字显示装置的构造和使用方法 |
| 四)培训指导 | 指导操作 | | 能指导初、中级铣工实际操作 | 指导实际操作的基本方法 |

## 四、技师

| 职业功能 | 工作内容 | | 技能要求 | 相关知识 |
|---|---|---|---|---|
| 一)工艺准备 | (一)读图与绘图 | | 1)能根据实物绘制零件图<br>2)能绘制铣床常用工装的装配图及零件图<br>3)能读懂较复杂的箱体图 | 1)零件的测绘方法<br>2)较复杂工装装配图的画法 |
| | (二)制定加工工艺 | 普通铣床 | 1)能编制典型零件的加工工艺规程<br>2)能对零件的加工工艺方案进行合理性分析并提出改进建议<br>3)能编写其他相关工种一般零件的加工顺序<br>4)能了解数控铣床的加工顺序 | 1)典型机械零件的加工工艺<br>2)数控铣床的加工顺序 |

续表

| 职业功能 | 工作内容 | | 技能要求 | 相关知识 |
|---|---|---|---|---|
| 一)工艺准备 | (二)制定加工工艺 | 数控铣床 | 能够编制叶片、螺旋桨、复杂模具型腔等复杂型面工件的工艺卡 | 复杂型面工件的加工工艺 |
| | (三)编制程序 | 数控铣床 | 能用计算机软件编制复杂型面的铣削程序 | 计算机编程软件的使用方法 |
| | (四)工件定位与夹紧 | 普通铣床 | 1)能设计、制作简单的铣床专用夹具<br>2)能对现有铣床夹具提出改进建议<br>3)能指导初、中、高级铣工正确使用铣床夹具 | 1)夹具的设计和制造方法<br>2)夹具定位误差的计算方法 |
| | | 数控铣床 | 1)能设计或组合数控铣床夹具<br>2)能正确分析与夹具有关的误差 | |
| | (五)刀具准备 | 普通铣床 | 1)能推广使用新型刀具<br>2)能设计简单的专用铣刀 | 1)刀具方面的新技术、新材料及其应用方法<br>2)提高铣刀寿命的知识<br>3)设计简单专用铣刀的知识 |
| | | 数控铣床 | 能正确选择铣刀的材料和几何参数 | 数控铣床铣削时影响刀具寿命的因素及寿命参数的设定方法 |
| | | 普通铣床 | 能分析并排除普通铣床常见的机械、气动、液压故障 | 铣床故障产生的原因分析，以及排除机械、气动、液压故障的方法 |
| | | 数控铣床 | 1)能根据数控机床的结构、原理,分析气路、液路、电气及机械的一般故障,并进行排除(不含电气)<br>2)能进行数控铣床定位精度和重复定位精度的检验 | 1)数控铣床的结构及常见故障的诊断与排除方法<br>2)数控铣床定位精度与重复定位精度的检验方法 |
| 二)工件加工 | 普通铣床 | (一)复杂、畸形件的加工 | 1)能进行复杂、畸形和精密工件的铣削,并达到精密工件的尺寸公差等级为IT6<br>2)能了解一般数控铣床加工工件的方法 | 1)复杂、畸形工件的加工方法<br>2)精密工件的加工方法<br>3)分度头精度的检验<br>4)数控铣床的基本知识和简单工件的加工方法 |

续表

<table>
<tr><th>职业功能</th><th colspan="2">工作内容</th><th>技能要求</th><th>相关知识</th></tr>
<tr><td rowspan="2">二)工件加工</td><td>普通铣床</td><td>(二)复杂孔系加工</td><td>能镗削非平行孔系</td><td>非平行孔系的镗削方法</td></tr>
<tr><td>数控铣床</td><td>加工复杂工件</td><td>能对复杂工件进行加工</td><td>1)镗削、刨削和磨削加工的基本知识<br>2)加工复杂工件的方法</td></tr>
<tr><td>三)精度检验与误差分析</td><td colspan="2">螺旋齿、模具型面及复杂大型工件的检验</td><td>能根据测量结果分析产生误差的原因,进一步提出改进措施</td><td>1)铣削加工中产生误差的原因及消除或减少误差的措施<br>2)专用检具的设计知识</td></tr>
<tr><td rowspan="2">四)培训指导</td><td colspan="2">(一)指导操作</td><td>能够指导初、中、高级铣工进行实际操作</td><td rowspan="2">培训教学基本方法</td></tr>
<tr><td colspan="2">(二)理论培训</td><td>能够讲授本专业技术理论知识</td></tr>
<tr><td rowspan="2">五)管理</td><td colspan="2">(一)质量管理</td><td>1)能够在本职工作中认真贯彻各项质量标准<br>2)能够应用全面质量管理知识,实现操作过程的质量分析与控制</td><td>1)相关质量标准<br>2)质量分析与控制方法</td></tr>
<tr><td colspan="2">(二)生产管理</td><td>1)能够组织有关人员协同作业<br>2)能够协助部门领导进行生产计划、调度及人员管理</td><td>生产管理基本知识</td></tr>
</table>

## 五、高级技师

<table>
<tr><th>职业功能</th><th>工作内容</th><th>技能要求</th><th>相关知识</th></tr>
<tr><td rowspan="2">一)工艺准备</td><td>(一)读图与绘图</td><td>1)能绘制铣床复杂工装的装配图及零件图<br>2)能读懂各种铣床的原理图及装配图</td><td>1)根据装配图测绘零件图的方法<br>2)复杂工装图及单工序专用铣床装配图的画法</td></tr>
<tr><td>(二)制定加工工艺</td><td>1)能编制机床主轴箱箱体等复杂、精密零件的工艺规程<br>2)能掌握机械加工复杂零件的加工工艺(包括数控铣床)<br>3)能对零件的机械加工工艺方案进行合理性分析,提出改进意见并参与实施<br>4)能熟悉机械加工方面的先进工艺并参与推广应用<br>5)能对难加工工件进行分析并提出具体加工措施</td><td>1)机械制造工艺的系统知识<br>2)机械加工先进工艺和新工艺、新技术</td></tr>
</table>

续表

| 职业功能 | 工作内容 | 技能要求 | 相关知识 |
|---|---|---|---|
| 一)工艺准备 | (三)工件定位与夹紧 | 1)能设计铣床用的较复杂的夹具<br>2)能对铣床夹具进行误差分析<br>3)能推广应用先进夹具 | 1)铣床用复杂夹具的设计及使用知识<br>2)铣床夹具的误差分析方法<br>3)先进铣床夹具的使用和推广方法 |
| | (四)刀具准备 | 1)能根据工件加工要求设计专用铣刀并制定加工工艺<br>2)能利用切削原理知识,系统地讲授各种铣削刀具的特点及使用方法 | 1)刀具设计和制造知识<br>2)铣削刀具的特点及使用方法 |
| | (五)设备使用及维护保养 | 能排除各种普通铣床(不包括数控铣床)的常见故障 | 1)常用金属切削机床的原理与操作方法<br>2)各种铣床常见故障及排除方法 |
| 二)工件加工 | 高难度、高精度工件的加工 | 能解决高难度、高精度工件在铣削加工中的技术问题,分析和解决铣削加工的工艺难题 | 高难度、高精度工件铣削难点及解决方法 |
| 三)精度检验与误差分析 | 螺旋齿、模具型面及复杂大型工件的检验 | 能准确诊断质量问题产生的原因并提出解决问题的方案 | 机械加工过程中影响工件质量的因素及提高质量的措施 |
| 四)培训指导 | (一)指导操作 | 能够指导初、中、高级铣工和技师进行实际操作 | 培训讲义编写方法 |
| | (二)理论培训 | 能够对本专业初、中、高级铣工进行技术理论培训 | |

# 附录 C

## 磨工国家职业标准(摘录)

**工作要求**

本标准对初级、中级、高级、技师、高级技师的技能要求依次递进,高级别包括低级别的要求。

一、初级

| 职业功能 | 工作内容 | 技能要求 | 相关知识 |
| --- | --- | --- | --- |
| 一)工艺准备 | (一)读图与绘图 | 能读懂轴、套、圆锥、螺纹、圆球等简单的零件图 | 简单零件的表达方法 |
| | (二)制定加工工艺 | 1)能读懂轴、套、锥体等简单零件的工艺规程<br>2)能制定简单工件的磨削加工顺序(工步)<br>3)能合理选择切削用量<br>4)能合理选择砂轮<br>5)能合理配制、使用切削液 | 1)简单零件的磨削工艺<br>2)磨削余量的确定方法<br>3)磨具的选择与修正方法<br>4)切削液的种类和配制方法<br>5)常用计算知识<br>6)砂轮知识 |
| | (三)工件定位与装夹 | 能正确使用通用夹具、专用夹具和简单的组合夹具 | 1)磨床常用夹具的种类、结构与正确的使用方法<br>2)组合夹具的使用方法 |
| | (四)磨具与量具准备 | 1)能合理选用磨削常用磨具,并会安装、平衡和修正<br>2)能合理使用磨床常用量具 | 1)磨床常用磨具的种类及用途<br>2)磨床常用量具的种类及用途 |
| | (五)设备维护保养 | 1)能操作普通磨床<br>2)能对普通磨床进行维护保养,按规定定期加油 | 1)普通磨床的名称、型号、规格、性能及操作方法<br>2)普通磨床的润滑及常规保养知识 |

续表

| 职业功能 | 工作内容 | 技能要求 | 相关知识 |
|---|---|---|---|
| 二)工件加工 | (一)外圆磨削 | 能进行外圆、外锥体的磨削。工作实例:工件全长为300 mm,中间一段为1∶5锥体,长为50 mm,两端为 $\phi$30 mm。要磨削锥体部位并达到公差等级为IT6,表面粗糙度为 $R_a$0.4 μm,跳动为0.005 mm | 外圆磨削的方法及锥体工件的磨削知识 |
| | (二)内孔磨削 | 能磨削内孔。工作实例:孔径为 $\phi$50 mm,长度为100 mm,外径为 $\phi$80 mm,同时磨削端面,并达到公差等级为IT7,表面粗糙度为 $R_a$0.8 mm,圆度为0.005 μm,内孔与端面垂直度为0.01 mm | 内孔磨削的方位 |
| | (三)平面磨削 | 1)能磨削平面。工作实例:磨削外径为 $\phi$200 mm,内径为 $\phi$170 mm,厚度为15 mm的环,并达到磨削两平面公差等级为IT7,平行度为0.005 μm,表面粗糙度为 $R_a$0.8 μm<br>2)能磨削四槽。工作实例:工件凹槽宽为40 mm,长为100 mm,深为20 mm,并达到磨削槽的两侧面及底面平行度为0.02 mm,垂直度为0.01 mm,公差等级为IT7,表面粗糙度为 $R_a$0.8 μm | 1)平面的磨削方法<br>2)凹槽的磨削方法 |
| | (四)刀具刃磨 | 能刃磨铰刀、丝锥等简单刀具。工作实例:外径为 $\phi$15 mm铰刀,$\gamma_0=3$,$\alpha_0=10$,$Z=6$,经磨削达到刃磨前刀面,表面粗糙度为 $R_a$0.63 μm,跳动为0.03 mm | 简单刀具的刃磨方法 |
| | (五)螺纹磨削 | 能磨削梯形丝杠。工作实例:Tr50 mm × 8 mm螺纹部分长500 mm,直径 $\phi$ = 50 mm,螺距 $P$ = 8 mm,齿形角 $\alpha$ = 20°,并达到全长螺距误差为0.008 mm,表面粗糙度为 $R_a$0.2 μm,精度等级为h7 | 螺纹的磨削方法及挂轮的计算知识 |

续表

| 职业功能 | 工作内容 | 技能要求 | 相关知识 |
|---|---|---|---|
| 三）精度检验及误差分析 | （一）内外径及长度、深度检验 | 1）能使用游标卡尺、千分尺、内径百分表测量直径和长度<br>2）能正确使用百分表、测微仪测量工件跳动<br>3）使用卡规测量工件外径 | 1）使用百分表、测微仪测量工件跳动的方法<br>2）塞规、卡规的使用方法 |
| | （二）锥度检验 | 1）能正确使用涂色法检验锥度接触（包括内锥、外锥）<br>2）能正确测量平面的精度<br>3）能测量一般的刀具 | 1）使用锥度塞规及涂色法检验锥度的方法<br>2）测量平面平行度、垂直度、对称度的方法 |
| | （三）螺纹检验 | 1）能用螺纹千分尺测量螺纹中径<br>2）能用三针测量螺纹中径 | 螺纹的检验方法 |

二、中级

| 职业功能 | 工作内容 | 技能要求 | 相关知识 |
|---|---|---|---|
| 一）工艺准备 | （一）读图与绘图 | 1）能读懂主轴、螺杆、丝杠、曲轴、齿轮等较复杂的零件图<br>2）能读懂磨床的砂轮架、工件架、尾座等简单机构的装配图<br>3）能绘制轴、套、圆锥、螺纹、齿轮等简单零件图 | 1）较复杂零件的表达方法<br>2）简单零件图的画法<br>3）简单机构装配图的识读方法 |
| | （二）制定加工工艺 | 1）能读懂细长轴、薄壁孔、小孔、深孔、螺纹、成形件等较复杂零件的加工工艺规程<br>2）能制定不使用四爪单动卡盘及专用工装的回转体零件、偏心轴、细长轴、薄壁件、螺纹等零件的工艺过程 | 1）较复杂零件的磨削工艺<br>2）加工余量及次序的分配原则 |
| | （三）工件定位与装夹 | 1）能正确装夹薄壁件、细长轴、偏心件等<br>2）能合理使用四爪单动卡盘、花盘、正弦夹具、V形夹具、中心架等装夹外形较复杂的零件 | 1）定位原理及装夹方法<br>2）磨削时防止工件变形的方法<br>3）复杂工件、不规则外形工件的装夹方法 |
| | （四）磨具与量具准备 | 1）能根据工件材料、加工精度和工作效率的要求，正确选用磨具<br>2）能正确使用内径千分表、杠杆式卡规等较高精度的量具 | 1）精密磨削的磨料、磨具规格性能及其选用知识<br>2）较高精度量具的使用及保养方法 |

续表

| 职业功能 | 工作内容 | 技能要求 | 相关知识 |
|---|---|---|---|
| 一)工艺准备 | (五)设备维护保养 | 1)能根据加工需要对机床进行调整<br>2)能在加工前对磨床进行常规检查<br>3)能及时发现磨床的一般故障并通知有关部门进行排除 | 1)磨床型号的含义<br>2)磨床的结构、传动原理及加工前的调整方法<br>3)磨床的常见故障现象 |
| 二)工件加工 | (一)外圆磨削 | 能磨削直径长度比为1:20的细长轴,并达到尺寸公差等级为IT7,表面粗糙度为$R_a0.4\ \mu m$,径向跳动为0.03 mm | 细长轴的磨削方法、切削液的配方 |
| | (二)内孔磨削 | 能进行锥度套筒的磨削,并达到磨削莫氏2~6号锥度套筒,用锥度塞规检查,接触面不小于80%,径向跳动或同轴度为$\phi 0.005$ mm,表面粗糙度为$R_a0.4$ mm | 内锥孔的磨削方法 |
| | (三)平面磨削 | 能磨削带有凹槽的薄垫板。工作实例:工件长为70 mm,宽为15 mm,厚为5±0.01 mm,并达到磨削两面,平行度为0.005mm,表面粗糙度为$R_a0.4$ mm,公差为±0.01 mm | 平面薄板的磨削方法 |
| | (四)刀具刃磨 | 能刃磨圆柱铣刀、单头蜗轮滚刀等较复杂的工具。工作实例:圆柱铣刀后刀面外径$\phi=63$mm,$\beta=40°$,$\alpha_p=12°$,$Z=8$,并达到磨削铣刀后刀面,跳动误差相邻为0.03 mm,周长误差为0.03 mm,表面粗糙度为$R_a0.63\ \mu m$ | 圆柱铣刀、单头蜗轮滚刀等较复杂刀具的刃磨方法 |
| | (五)螺纹磨削 | 能磨削双头蜗杆。工作实例:$m_n=4$ mm,头数$n=2$,齿形角$\alpha_n=40°$,并达到单圈螺旋线误差为0.006 mm,全长螺旋线误差为0.012 mm,磨削蜗杆齿形表面粗糙度为$R_a0.2\mu m$,同轴度为$\phi 0.005$ mm | 蜗杆的种类及加工方法 |

续表

| 职业功能 | 工作内容 | 技能要求 | 相关知识 |
|---|---|---|---|
| 三)精度检验及误差分析 | (一)内外径及长度、深度检验 | 1)能使用量块和杠杆卡规测量工件外圆和内孔,精度达到0.002 mm<br>2)用千分表、测微仪测量工件的同轴度、圆柱度和跳动 | 1)量块的种类、用途及用法<br>2)两孔之间的距离及同轴度的测量方法和计算方法 |
| | (二)锥度检验 | 1)能用正弦规检验锥体<br>2)能用量棒、钢珠和V形夹具测量内外锥体的精度<br>3)能测量高精度的平面精度 | 1)正弦规的正确使用方法和计算方法<br>2)精密量具的使用和保养方法 |
| | (三)螺纹检验 | 能够进行多线螺纹、蜗杆及滚珠丝杠的测量 | 1)多线螺纹的检验方法<br>2)滚珠丝杠的检验方法<br>3)蜗杆的检验方法 |

三、高级

| 职业功能 | 工作内容 | 技能要求 | 相关知识 |
|---|---|---|---|
| 一)工艺准备 | (一)读图与绘图 | 1)能读懂动、静压轴承和多线蜗杆、滚珠丝杠副等复杂、畸形零件图<br>2)能绘制精密主轴、静压轴承、蜗杆、滚珠丝杠等较复杂的零件图<br>3)能读懂磨床及一般机械的装配图和简单的液压图 | 1)复杂零件图的画法<br>2)简单几何体轴测图的画法<br>3)一般机械装配图的画法 |
| | (二)制定加工工艺 | 1)能制定简单零件的加工工艺规程<br>2)能制定镜面磨削工件的加工顺序<br>3)能制定轧辊等大型工件或复杂零件的磨削加工顺序<br>4)能制定半自动磨床的工艺规程 | 1)一般机械零件加工工艺规程的制定方法<br>2)畸形、精密工件的磨削工艺<br>3)大型或复杂工件的磨削工艺<br>4)半自动磨床的磨削工艺规程的制定方法<br>5)数控磨床磨削工艺 |
| | (三)工件定位与装夹 | 1)能合理使用磨床通用夹具、组合夹具,并能调整专用夹具<br>2)能分析计算磨床用夹具的定位误差<br>3)能装夹和调整复杂零件和不规则零件 | 1)组合夹具和专用夹具的种类、结构、用途及特点<br>2)夹具定位误差的分析与计算方法<br>3)复杂及不规则零件的装夹和调整方法 |

续表

| 职业功能 | 工作内容 | 技能要求 | 相关知识 |
|---|---|---|---|
| 一)工艺准备 | (四)磨具与量具准备 | 1)能正确选用金刚石砂轮、立方氮化硼砂轮、微晶砂轮、石墨砂轮等先进磨具和特殊磨具<br>2)能测量复杂零件的精度 | 1)先进磨具的种类、用途、特点及正确使用方法<br>2)圆度仪、测微仪、表面粗糙度量仪、电动轮廓仪等精密量具的使用方法 |
| | (五)设备维护保养 | 能排除磨床的一般机械故障 | 1)磨床的结构原理<br>2)磨床常见的机械故障及排除方法 |
| 二)工件加工 | (一)外圆磨削 | 能进行高精度主轴的超精磨削,并达到公差等级为IT5,表面粗糙度为$R_a$0.04 μm,圆柱度为0.002 mm,跳动为0.001 mm | 超精磨削的条件和方法 |
| | (二)内孔磨削 | 能进行深孔磨削。工作实例:工件长度为140 mm,外径为$\phi$50 mm,内孔为$\phi$25 mm,并达到磨削公差等级为IT6,圆柱度为0.008 μm,表面粗糙度为$R_a$0.4 μm | 深孔磨削方法 |
| | (三)平面磨削 | 能进行平面磨削。工作实例:工件为25 mm×25 mm×100 mm的四方体,并达到磨削四面相互垂直,垂直度为0.03 mm,表面粗糙度为$R_a$0.4 μm,公差等级为IT7 | 平面与垂直面的磨削方法 |
| | (四)刀具刃磨 | 能进行错齿三面刃铣刀、多线蜗轮滚刀等复杂刀具的刃磨与修正。工作实例:三面刃铣刀$D=100$ mm,$B=14$ mm,$Z=18$,$\gamma_0=15°$,并达到$\alpha_0=12°$,$\beta=5°$,$\kappa_r=1°\sim2°$,跳动为0.02 mm,表面粗糙度为$R_a$0.8 μm | 错齿三面刃铣刀、多线蜗轮滚刀等复杂刀具的刃磨方法,以及多种成形体的加工方法 |
| | (五)螺纹磨削 | 能磨削丝杠。工作实例:Tr60 mm×6 mm,全长为2 000 mm,螺纹长度1 500 mm,并达到表面粗糙度为$R_a$0.2 μm;精度等级为h6 | 1)精密丝杠的磨削方法<br>2)校正尺的修正知识 |

续表

| 职业功能 | 工作内容 | 技能要求 | 相关知识 |
| --- | --- | --- | --- |
| 三)精度检验及误差分析 | (一)内外径及长度、深度检验 | 1)能掌握与磨工有关的零件的精度检验方法<br>2)能根据测量结果分析产生磨削误差的原因<br>3)能正确使用电动、气动自动测量装置 | 1)机械零件精度检验方法<br>2)磨削加工产生误差的种类及原因<br>3)有关电动、气动测量装置的知识 |
| | (二)锥度检验 | 能分析锥度误差产生的原因 | 锥度磨削的原理及误差分析方法 |
| | (三)螺纹检验 | 1)能进行螺纹、丝杠精度的检验<br>2)能分析丝杠产生相邻误差和累积误差的原因 | 影响丝杠相邻误差和累积误差的因素 |

四、技师

| 职业功能 | 工作内容 | 技能要求 | 相关知识 |
| --- | --- | --- | --- |
| 一)工艺准备 | (一)读图与绘图 | 1)能根据实物或装配图绘制或拆画零件图<br>2)能绘制磨床常用工装装配图及零件图<br>3)能读懂一般磨床的液压图 | 1)零件的测绘方法<br>2)根据装配图拆画零件图的方法<br>3)磨床工装的种类<br>4)液压件的各种符号 |
| | (二)制定加工工艺 | 1)能编制典型零件的加工工艺规程<br>2)能对零件的加工工艺方案进行合理分析,并提出改进意见<br>3)能编写相关工种一般零件的加工顺序<br>4)能掌握特硬、特软及非金属材料等特殊材料工件的加工工艺规程 | 1)典型零件的加工工艺<br>2)特殊材料工件的加工工艺<br>3)数控磨床加工工艺 |
| | (三)工件定位与装夹 | 1)能设计制造简单的磨床专用夹具<br>2)能对现有的磨床夹具提出改进建议 | 1)磨床专用夹具的设计与制造知识<br>2)各种磨床夹具的正确使用方法 |

续表

| 职业功能 | 工作内容 | 技能要求 | 相关知识 |
|---|---|---|---|
| 一)工艺准备 | (四)磨具与量具准备 | 能推广使用先进新型磨具 | 1)磨具方面的新技术、新材料及其应用知识<br>2)磨床及其使用的自动测量装置<br>3)有关砂带磨削的知识 |
| | (五)设备维护保养 | 1)能配合做好设备维修和机床精度调整工作<br>2)能分析并排除磨床常见的液压、机械故障 | 1)磨床几何精度检验的内容和方法<br>2)磨床工作精度检验的内容和方法<br>3)磨床常见故障的排除方法 |
| 二)工件加工 | (一)外圆磨削 | 1)能磨削多种大型、畸形、精密的工件<br>2)能磨削非金属材料的工件 | 1)大型、畸形、精密工件的装夹和磨削方法<br>2)非金属材料工件的磨削方法 |
| | (二)内孔磨削 | 能进行高精度外圆磨床工件头架主轴内锥孔磨削,并达到莫氏5号内锥孔,用试棒检测锥孔,右端200 mm处跳动0.003 mm,表面粗糙度为$R_a$0.2 μm | 1)高精度内锥孔加工夹具的使用和调整方法<br>2)高精度内锥孔的磨削方法 |
| | (三)平面磨削 | 能磨削V形导轨。工作实例:四方体边长为25 mm×25 mm×250 mm,一面V形,并达到平磨四面平行度为0.005 mm,V形面直线度为0.005 mm,垂直度为0.005 mm,对称度为0.01 mm,表面粗糙度为$R_a$0.2 μm | 高精度平面磨削时保证磨削表面平行度、垂直度、对称度的方法 |
| | (四)螺纹磨削 | 能磨削多线蜗杆、滚珠丝杠等达到图样要求 | 1)多线砂轮及圆弧砂轮的修整方法<br>2)多线蜗杆、滚珠丝杠的磨削方法 |

续表

| 职业功能 | 工作内容 | 技能要求 | 相关知识 |
|---|---|---|---|
| 三)精度检验及误差分析 | (一)内外径及长度、深度检验 | 能根据测量结果分析产生误差的原因,并提出与磨削加工有关的改进措施 | 1)影响磨削质量的原因<br>2)磨削加工中消除或减少加工误差的措施 |
| | (二)锥度检验 | 1)能进行角度的测量及误差分析<br>2)能进行空间角度的计算及利用辅助工装进行测量 | 空间角度的计算方法及利用辅助工装的测量方法 |
| | (三)螺纹检验 | 能进行高精度螺纹的加工误差分析,并能进行修正 | 磨削高精度丝杠产生误差的原因及修正原理 |
| 四)培训指导 | (一)指导操作 | 能够指导初、中、高级磨工进行实际操作 | 培训教学基本方法 |
| | (二)理论培训 | 能够讲授本专业技术理论知识 | |
| 五)管理 | (一)质量管理 | 1)能够在本职工作中认真贯彻各项质量标准<br>2)能够应用质量管理知识,实现操作过程的质量分析与控制 | 1)相关质量标准<br>2)质量分析与控制方法 |
| | (二)生产管理 | 1)能够组织有关人员协同作业<br>2)能够协助部门领导进行生产计划、调度及人员管理 | 生产管理基本知识 |

## 五、高级技师

| 职业功能 | 工作内容 | 技能要求 | 相关知识 |
|---|---|---|---|
| 一)工艺准备 | (一)读图与绘图 | 1)能绘制磨床复杂工装的装配图及零件图<br>2)能读懂常用磨床的原理图、液压图及装配图 | 1)磨床复杂工装举例及装配图的画法<br>2)常用磨床的原理图及装配图的画法 |
| | (二)制定加工工艺 | 1)能编制复杂、精密零件的工艺规程<br>2)能对零件的机械加工工艺方案进行合理性分析,提出改进意见并参与实施<br>3)能推广应用国内外先进磨削工艺 | 1)机械制造及磨工工艺的系统知识<br>2)国内外磨削工艺发展现状及先进工艺知识 |

续表

| 职业功能 | 工作内容 | 技能要求 | 相关知识 |
|---|---|---|---|
| 一)工艺准备 | (三)工件定位与装夹 | 1)能指导和独立设计磨床用的各种复杂夹具<br>2)能对各类常用夹具进行误差分析<br>3)能推广应用先进夹具 | 1)复杂工件磨床夹具的设计及使用方法<br>2)磨床夹具的误差分析方法<br>3)先进夹具的知识 |
| | (四)磨具与量具准备 | 1)能根据工件要求设计或修整砂轮<br>2)能推广应用先进磨具、量具 | 1)成形磨具的设计、修整方法及使用<br>2)金属切削原理和先进磨具的知识<br>3)先进量具的使用及发展方向 |
| | (五)设备维护保养 | 能排除普通磨床的常见故障 | 普通磨床的结构及常见故障的排除方法 |
| 二)工件加工 | 高难度、高精度工件的磨削 | 1)能进行高难度、高精度工件的磨削加工<br>2)能解决高难度、高精度工件磨削加工中的技术问题<br>3)能解决磨削加工中的各种难题 | 1)高难度、高精度典型零件的加工方法<br>2)高难度、高精度工件磨削中的关键问题及特殊问题的解决方案分析 |
| 三)精度检验及误差分析 | 质量诊断 | 1)能准确判断质量问题产生的多种原因<br>2)能提出解决质量问题的具体方案<br>3)能提出预防质量事故的有效措施 | 在机械加工全过程中影响质量的因素及提高质量的措施 |
| 四)培训指导 | (一)指导操作 | 能够指导初、中、高级磨工和技师进行实际操作 | 培训讲义编写方法 |
| | (二)理论培训 | 能够对本专业初、中、高级磨工进行技术理论培训 | |

# 附录 D

## 镗工国家职业标准(摘录)

**工作要求**

本标准对初级、中级、高级、技师、高级技师的要求依次递进,高级别包括低级别的要求。在“工作内容”栏内未标注“普通镗床”或“数控镗床”的,均为两者通用。

一、初级

| 职业功能 | 工作内容 | 技能要求 | 相关知识 |
|---|---|---|---|
| 一)工艺准备 | (一)读图与绘图 | 能读镗轴承座、支架等简单零件图 | 镗工常见简单零件图的内容及读图方法 |
| | (二)制定加工工艺 | 1)能读镗轴、套、箱体等简单零件的工艺规程<br>2)能制定简单工件的镗削加工顺序(工步)<br>3)能合理选择切削用量<br>4)能合理选择切削液 | 1)加工工艺的基本概念<br>2)轴、套、箱体等简单零件的镗削工艺<br>3)镗削用量选择的知识<br>4)镗削用切削液选择的知识 |
| | (三)工件定位与夹紧 | 1)能确定镗削一般工件的定位与夹紧方案<br>2)能正确选用普通镗床配备的夹具与辅具 | 1)镗床常用夹具与辅具的种类及使用方法<br>2)一般工件的找正、定位、夹紧方法 |
| | (四)准备刀具 | 1)能合理选用镗床常用镗杆与刀具<br>2)能刃磨镗床常用的镗刀头 | 1)常用镗削刀具的种类与用途<br>2)镗刀头的几何参数与切削性能的关系<br>3)镗削刀具的刃磨知识 |

续表

| 职业功能 | 工作内容 | 技能要求 | 相关知识 |
| --- | --- | --- | --- |
| 一)工艺准备 | (五)调整及维护保养设备 | 1)能掌握普通镗床的操作方法<br>2)能对普通镗床进行维护保养 | 1)普通镗床的名称、型号、规格、性能和操作方法<br>2)普通镗床的润滑及常规保养方法 |
| 二)工件加工 | (一)镗削单孔 | 镗削直径为 $\phi20 \sim \phi100$ mm 的通孔,孔径公差等级为IT8 | 单孔的镗削方法 |
| | (二)镗削同轴孔系 | 1)镗削两级台阶孔,孔径公差等级为IT8<br>2)镗削双层孔,孔径公差等级为IT8 | 1)两级台阶孔镗削方法<br>2)双层孔镗削方法 |
| | (三)镗削平行孔系 | 镗削3个平行孔,孔径公差等级为IT8,孔距公差等级为IT8 | 镗削平行孔的方法 |
| | (四)镗削相交和交叉孔系 | 1)镗削垂直交叉孔,孔径公差等级为IT8,垂直度公差等级为IT8<br>2)镗削垂直相交孔,孔径公差等级为IT8,垂直度公差等级为IT8 | 1)镗削垂直交叉孔的方法<br>2)镗削垂直相交孔的方法 |
| | (五)镗削沟槽 | 镗削简单沟槽,尺寸公差等级为IT8 | 镗削沟槽的方法 |
| | (六)加工平面 | 1)镗削平面、台阶面,平面度公差等级为IT7<br>2)镗削孔的端面,垂直度公差等级为IT7 | 1)镗削平面、台阶面的方法<br>2)镗削孔端面的方法 |
| 三)精度检验及误差分析 | (一)尺寸精度检验 | 1)能用游标卡尺、千分尺测量直径及长度<br>2)能用深度尺、高度尺测量工件的深度和高度尺寸<br>3)能用塞规和卡规检验孔径和外径<br>4)能用卡钳测量孔径 | 1)深度尺、高度尺的使用方法<br>2)塞规和卡规知识及使用方法<br>3)卡钳测量孔径的方法 |
| | (二)形位误差的检测 | 1)垂直度检测<br>2)平行度检测 | 平行度、垂直度的检验方法 |

## 二、中级

| 职业功能 | 工作内容 | | 技能要求 | 相关知识 |
|---|---|---|---|---|
| 一)工艺准备 | (一)读图与绘图 | | 1)能读镗减速箱体、主轴、壳体等中等复杂程度的零件图<br>2)能读镗浮动镗刀、主轴、尾座等简单机构的装配图<br>3)能绘制轴、套、支架等简单零件的零件图 | 1)中等复杂程度零件图及简单机构装配图的识读<br>2)绘制简单零件图的方法 |
| | (二)制定加工工艺 | 普通镗床 | 1)能读镗复杂零件的加工工艺规程<br>2)能制定镗削同一平面上多孔零件的加工顺序 | 1)机床主轴箱等复杂零件的镗削工艺<br>2)加工余量的分配原则 |
| | | 数控镗床 | 能编制中等复杂程度箱的镗削工艺卡,其主要内容有:<br>1)正确选择工艺基准<br>2)决定加工顺序及工步内容、切削参数 | 1)加工工艺基本概念<br>2)镗削用量选择<br>3)切削液的选择<br>4)中等复杂零件的镗削工艺 |
| | (三)工件定位与夹紧 | | 1)能确定镗削中等复杂零件的定位与夹紧方案<br>2)能正确选用回转盘、角铁、V形架等镗床通用夹具及辅具,并能正确安装工件 | 1)定位夹紧原理及方法<br>2)镗削时防止工件变形的方法<br>3)专用夹具的种类、结构、用途及特点 |
| | (四)编制程序 | 数控镗床 | 能手工编制中等复杂程度零件的镗削加工程序,并输入机床进行调试 | 1)常用数控指令的含义<br>2)数控指令的结构与格式<br>3)固定循环指令的含义<br>4)子程序的嵌套<br>5)几何图形交点的计算方法 |
| | (五)准备刀具 | 普通镗床 | 1)能根据工件材料、加工精度和生产率的要求,正确选择刀架、刀盘、夹头的结构形式、刀头的材料及几何参数<br>2)能刃磨各种镗床用刀具 | 1)刀具的种类及用途<br>2)刀具几何参数与切削性能的关系<br>3)刀具刃磨知识<br>4)镗削刀具的材料、几何参数的选择原则<br>5)刀架、刀盘、刀具夹头的结构 |
| | | 数控镗床 | | 刀具系统的种类及用途 |

**续表**

| 职业功能 | 工作内容 | | 技能要求 | 相关知识 |
|---|---|---|---|---|
| 一)工艺准备 | (六)调整及维护保养设备 | 普通镗床 | 1)能根据加工需要对机床进行调整<br>2)能在加工前对普通镗床进行常规检查<br>3)能及时发现普通镗床的常见故障 | 1)普通镗床的结构、传动原理及加工前的调整知识<br>2)普通镗床的常见故障分析方法 |
| | | 数控镗床 | 1)能对数控镗床进行维护保养<br>2)能根据信号和屏幕文字显示判断镗床故障<br>3)能在加工前对数控镗床进行常规检查 | 1)数控镗床操作规程<br>2)数控镗床的润滑及常规保养方法<br>3)数控镗床的传动原理<br>4)数控镗床常见故障分析方法<br>5)相关外语知识 |
| 二)工件加工 | 普通镗床 | (一)镗削单孔 | 1)能镗削通孔,孔径公差等级为 IT6<br>2)能镗削不通孔,要求 $\phi$20 mm 以下,深度 50 mm 以上,孔径公差等级为 IT7<br>3)能镗削深孔,$D: L=1: 5$,孔径公差等级为 IT7 | 1)精密单孔镗削方法<br>2)不通孔镗削方法<br>3)深孔镗削方法 |
| | | (二)镗削同轴孔系 | 1)能镗削三级台阶孔,孔径公差和同轴度公差等级为 IT7<br>2)能镗削三层孔,孔径公差和同轴度公差等级为 IT7 | 1)三级台阶孔镗削方法<br>2)三层孔镗削方法 |
| | | (三)镗削平行孔系 | 能镗削 3 个或 3 个以上平行孔,孔径和位置度公差等级为 IT7 | 精镗平行孔的方法 |
| | | (四)镗削相交和交叉孔系 | 1)能镗削斜交叉孔,孔径公差等级为 IT7,角度公差为 ±10′<br>2)能镗削斜相交孔,孔径公差等级为 IT7,角度公差为 ±10′ | 1)镗削斜交叉孔的方法<br>2)镗削斜相交孔的方法 |
| | | (五)镗削沟槽 | 能镗削各种沟槽,尺寸公差等级为 IT7 | 镗削各种沟槽的方法 |
| | | (六)加工平面 | 1)能镗削台阶平面<br>2)能镗削相互垂直平面,垂直度公差等级为 IT7<br>3)能镗削孔端面 | 1)加工台阶平面的方法<br>2)加工互相垂直平面的方法 |

续表

| 职业功能 | 工作内容 | | 技能要求 | 相关知识 |
|---|---|---|---|---|
| 二)工件加工 | 普通镗床 | (七)镗削精密复杂箱体类工件 | 能镗削一般减速箱体 | 一般减速箱体的镗削方法 |
| | | (八)特殊镗削 | 1)能镗削外圆柱面<br>2)能镗削螺纹 | 1)镗削外圆柱面的方法<br>2)镗削螺纹的方法 |
| | 数控镗床 | (一)输入程序 | 1)能按照操作规程启动及停止机床<br>2)能正确使用操作面板上的各种功能键<br>3)能通过操作面板手动输入加工程序及有关参数<br>4)能通过纸带阅读机、磁带机及计算机等输入加工程序<br>5)能进行程序的编辑、修改 | 1)机床坐标系与工件坐标系的含义及其关系<br>2)相对坐标系、绝对坐标的含义<br>3)各种输入装置的使用方法<br>4)程序的编辑与修改方法 |
| | | (二)对刀 | 能正确进行机内对刀 | 机内对刀方法 |
| | | (三)试运行 | 1)能进行程序单步运行、空运行<br>2)能进行加工程序试切削并做出正确判断 | 程序试运行的操作方法 |
| | | (四)加工简单零件 | 能在数控镗床上加工简单箱体等工件 | 1)数控镗床操作面板各功能键和开关的用途及使用方法<br>2)在数控镗床上加工简单箱体的方法 |
| 三)精度检验及误差分析 | (一)尺寸精度检验 | | 1)能用汽缸表测量工件孔径<br>2)能用量块和百分表检测工件轴向尺寸<br>3)能检测平行孔中心距 | 1)汽缸表的使用方法<br>2)量块使用方法<br>3)平行孔中心距的检测方法<br>4)斜孔中心位置的检测方法 |
| | (二)形位误差的检测 | | 1)能进行平行孔轴线位置度检测<br>2)能进行相交孔轴线位置度检测<br>3)能进行表面粗糙度比较检验 | 1)位置度测量方法<br>2)表面粗糙度比较测量方法 |
| | (三)误差分析 | | 能分析判断影响工件尺寸精度的因素,并能提出改进措施 | 1)误差的种类及产生原因<br>2)尺寸加工精度的误差分析方法 |

## 三、高级

| 职业功能 | 工作内容 | | 技能要求 | 相关知识 |
|---|---|---|---|---|
| 一)工艺准备 | (一)读图与绘图 | | 1)能读镗复杂、畸形零件图<br>2)能绘制镗杆、蜗轮减速箱体等中等复杂程度的零件图<br>3)能读镗一般机械的装配图 | 1)机床箱体等复杂零件图的画法<br>2)尾座、主轴箱、进给箱等一般机械装配图的画法 |
| | (二)制定加工工艺 | 普通镗床 | 1)能制定简单零件的加工工艺规程<br>2)能制定畸形、精密工件的加工顺序(如相交平面上的孔系等)<br>3)能制定大型工件的镗削加工顺序 | 1)典型零件镗削工艺<br>2)畸形、精密工件的镗削工艺<br>3)大型工件的镗削加工工艺 |
| | | 数控镗床 | 能编制复杂箱体类工件的镗削工艺卡 | 复杂箱体类工件的镗削工艺 |
| | (三)工件定位与夹紧 | | 1)能确定复杂、畸形、精密零件的定位与夹紧方案<br>2)能进行镗床夹具定位误差分析 | 1)夹具定位误差分析与计算方法<br>2)组合夹具的种类及使用方法<br>3)复杂、畸形、精密工件的装夹方法 |
| | (四)编制程序 | 数控镗床 | 1)能手工编制复杂零件的镗削加工程序<br>2)能利用已有宏程序编制加工程序 | 1)二维节点的计算方法<br>2)几何体外轮廓节点的计算<br>3)用户宏程序的使用方法 |
| | (五)刀具准备 | | 1)能正确选用和刃磨难加工材料的镗削刀具<br>2)能正确选用和刃磨加工深孔、小孔的镗削刀具 | 1)先进镗削刀具种类、用途、特点及刃磨知识<br>2)深孔镗削刀具的选用、安装及调整知识 |
| | (六)调整及维护保养设备 | 普通镗床 | 1)能分析并排除镗床常见机械故障<br>2)能对镗床进行一、二级保养 | 1)镗床常见机械故障排除方法<br>2)镗床一、二级保养的内容 |
| | | 数控镗床 | 1)能排除数控镗床在加工时出现的一般故障<br>2)能解决操作中出现的与设备调整相关的技术问题 | 1)数控镗床维护知识<br>2)液压传动、气压传动和电气知识<br>3)各类故障信息显示内容及排除方法 |

**续表**

<table>
<tr><th>职业功能</th><th colspan="2">工作内容</th><th>技能要求</th><th>相关知识</th></tr>
<tr><td rowspan="9">二)工件加工</td><td rowspan="3">普通镗床</td><td>(一)镗削单孔</td><td>1)能镗削通孔,孔径公差等级为IT5<br>2)能镗削斜孔,孔径公差等级为IT6<br>3)能镗削薄壁孔,孔径公差等级为IT6</td><td>1)斜孔镗削方法<br>2)薄壁孔镗削方法</td></tr>
<tr><td>(二)镗削同轴孔系</td><td>1)能镗削三级台阶孔,孔径公差和同轴度公差等级为IT6<br>2)能镗削三层孔,孔径公差和同轴度公差等级为IT6</td><td>1)精密台阶孔镗削方法<br>2)精密多层孔镗削方法</td></tr>
<tr><td>(三)镗削平行孔系</td><td>能镗削3个以上不同孔径的平行孔,孔径和位置度公差等级为IT6,表面粗糙度为$R_a$1.6 μm</td><td>精镗不同孔径平行孔系的方法</td></tr>
<tr><td colspan="2">(四)镗削相交和交叉孔系</td><td>1)能镗削3个或3个以上垂直与斜交叉孔,孔径公差等级为IT7,角度公差为±5′<br>2)能镗削3个或3个以上垂直与斜相交孔,孔径公差等级为IT7,角度公差为±5′</td><td>1)镗削多个交叉孔的方法<br>2)镗削多个相交孔的方法</td></tr>
<tr><td colspan="2">(五)镗削沟槽</td><td>能镗削特殊要求沟槽,尺寸公差等级为IT6</td><td>镗削特殊沟槽的方法</td></tr>
<tr><td colspan="2">(六)加工平面</td><td>1)能镗削大平面,平面度公差等级为IT6<br>2)能镗削斜面,角度公差为±5′<br>3)能镗削止口平面,深度公差等级为IT6</td><td>1)加工大平面保证精度的方法<br>2)加工斜面的方法</td></tr>
<tr><td colspan="2">(七)镗削精密复杂箱体类工件</td><td>能镗削有多个垂直相交和平行孔的复杂箱体</td><td>加工有多个相交的垂直孔和平行孔的复杂箱体的方法</td></tr>
<tr><td colspan="2">(八)镗削加工特殊材料工件</td><td>能镗削加工特殊材料的一般工件</td><td>1)特殊材料的一般知识<br>2)镗削加工特殊材料的方法</td></tr>
<tr><td colspan="2">(九)特殊镗削</td><td>能镗削不完整孔</td><td>镗削不完整孔的方法</td></tr>
<tr><td>三)精度检验及误差分析</td><td colspan="2">(一)尺寸精度检验</td><td>1)能对长度、直径尺寸进行精密检测<br>2)能用正弦规检测角度<br>3)能检验交叉孔的中心距<br>4)能检验斜孔的中心距</td><td>1)精密长度量具、量仪的使用方法及读数<br>2)正弦规原理及使用方法<br>3)交叉孔中心距检测方法</td></tr>
</table>

续表

| 职业功能 | 工作内容 | 技能要求 | 相关知识 |
| --- | --- | --- | --- |
| 三)精度检验及误差分析 | (二)形位误差的检测 | 1)能进行斜孔轴线位置度检测<br>2)能进行斜孔轴线倾斜度检测<br>3)能进行表面粗糙度接触检测 | 1)斜孔轴线位置度检验方法<br>2)斜孔轴线倾斜度检验方法<br>3)表面粗糙度接触测量方法 |
| | (三)典型零件的综合检测 | 能进行减速箱体的综合检测,并写出检测报告 | 减速箱体综合检测的内容及方法 |
| | (四)误差分析 | 能分析判断影响工件尺寸精度和形状位置精度的因素,并能提出改进措施 | 1)形位误差分析方法<br>2)机床产生误差的分析方法及调整办法<br>3)夹具产生误差的分析方法及纠正措施 |
| 四)培训指导 | 指导操作 | 能指导初、中级镗工进行实际操作 | 指导操作的基本方法 |

四、技师

| 职业功能 | 工作内容 | | 技能要求 | 相关知识 |
| --- | --- | --- | --- | --- |
| 一)工艺准备 | (一)读图与绘图 | | 1)能测绘零件图<br>2)能根据装配图拆画零件图<br>3)能绘制镗床常用工装装配图 | 1)零件图的测绘方法<br>2)根据装配图拆画零件图的方法<br>3)镗床工艺装备装配图的画法 |
| | (二)制定加工工艺 | 普通镗床 | 1)能编制典型零件的加工工艺规程(主轴箱等)<br>2)能对零件的加工工艺方案进行技术经济分析,并提出改进建议<br>3)能编写相关工种一般零件的加工顺序 | 1)机械零件加工工艺规程的制定<br>2)典型零件的机械加工工艺<br>3)技术经济分析知识 |
| | | 数控镗床 | 能制定在数控镗床上镗削复杂工件的加工顺序 | 复杂工件在数控镗床上加工的特殊工艺 |
| | (三)工件定位与夹紧 | | 1)能设计、制作简单的镗床专用夹具<br>2)能对现有的镗床夹具提出改进意见 | 1)镗床专用夹具的设计与制造<br>2)夹具设计原理 |
| | (四)编制程序 | 数控镗床 | 1)能用计算机软件编制镗削加工程序<br>2)能用计算机软件编制三维镗削加工程序 | 1)计算机基础知识<br>2)CAD/CAM软件使用方法 |

续表

| 职业功能 | 工作内容 | | 技能要求 | 相关知识 |
|---|---|---|---|---|
| 一)工艺准备 | (五)刀具准备 | | 1)能使用、推广新型镗削刀具<br>2)能排除镗削加工中刀具出现的技术问题<br>3)能对常用镗削刀具进行改进 | 1)镗削刀具的新技术、新材料<br>2)提高镗削刀具耐用度的知识 |
| | (六)调整及维护保养设备 | 普通镗床 | 能进行镗床几何精度及工作精度的检验 | 1)镗床几何精度检验的内容和方法<br>2)镗床工作精度的检验内容和方法 |
| | | 数控镗床 | 1)能对数控镗床进行几何精度及工作精度检验<br>2)能分析排除数控镗床的常见故障 | 1)数控镗床几何精度的检验内容及方法<br>2)数控镗床工作精度的检验内容及方法<br>3)排除数控镗床常见故障的方法 |
| 二)工件加工 | (一)镗削同轴孔系 | | 1)能镗削三级以上的台阶孔,孔径公差和同轴度公差等级为IT6<br>2)能镗削三层以上的孔,孔径公差和同轴度公差等级为IT6 | 提高同轴孔系镗削精度的方法 |
| | (二)镗削平行孔系 | | 能镗削高精度平行孔,孔径和位置度公差等级为IT5,表面粗糙度为$R_a$0.8 μm | 提高平行孔系镗削精度的方法 |
| | (三)镗削相交和交叉孔系 | | 能镗削多层交叉与相交孔,孔径和位置度公差等级为IT6,角度公差为±5′ | 镗削精密多层交叉与相交孔的方法 |
| | (四)加工平面 | | 1)能加工畸形、复杂工件上的各种平面<br>2)能加工复合斜面,角度公差为±5′ | 1)加工畸形工件各种斜面的方法<br>2)加工复合斜面的方法 |
| | (五)镗削精密复杂箱体类工件 | | 能镗削有多个斜面或斜孔的复杂箱体 | 加工有多个斜面或斜孔的复杂箱体的方法 |
| | (六)镗削加工特殊材料工件 | | 1)能镗削加工较复杂的特殊材料工件<br>2)能镗削加工新颖材料工件 | 1)镗削加工复杂的特殊材料工件的方法<br>2)新颖材料及其镗削方法 |

续表

| 职业功能 | 工作内容 | 技能要求 | 相关知识 |
| --- | --- | --- | --- |
| 三)精度检验及误差分析 | (一)尺寸精度检验 | 能对精密、复杂工件的各种尺寸进行检验 | 1)精密、复杂工件的检验方法<br>2)斜面角度检验方法<br>3)斜孔角度检验方法 |
| | (二)形位误差的检测 | 能对精密、复杂工件形位误差进行全面检测 | 1)精密、复杂工件形位误差的检测方法<br>2)空间位置度知识 |
| | (三)典型零件的综合检测 | 1)能完成复杂、多面、多孔箱体的综合检测<br>2)能完成大型零件、精密箱体的综合检测 | 1)复杂、多面、多孔箱体综合检测的内容及方法<br>2)大型、精密箱体综合检测的内容及方法 |
| | (四)误差分析 | 能分析判断工艺系统对工件误差的影响,并能进行排除 | 镗加工工艺系统的误差分析方法及纠正措施 |
| 四)培训指导 | (一)指导操作 | 能指导初、中、高级镗工进行实际操作 | 培训教学的基本方法 |
| | (二)理论培训 | 能讲授本专业技术理论知识 | |
| 五)管理 | (一)质量管理 | 1)能在本职工作中认真贯彻各项质量标准<br>2)能应用全面质量管理知识,实现操作过程的质量分析与控制 | 1)相关质量标准<br>2)质量分析与控制方法 |
| | (二)生产管理 | 1)能组织有关人员协同作业<br>2)能协助部门领导进行生产计划、调度及人员管理 | 生产管理基本知识 |

## 五、高级技师

| 职业功能 | 工作内容 | 技能要求 | 相关知识 |
| --- | --- | --- | --- |
| 一)工艺准备 | (一)读图与绘图 | 1)能读懂各种镗床的原理图及装配图<br>2)能绘制镗床复杂工装的装配图及零件图 | 1)镗床复杂工艺装备装配图的画法<br>2)常用镗床的传动图及齿轮箱装配图的画法 |
| | (二)制定加工工艺 | 1)能编制复杂、畸形、精密零件的工艺规程<br>2)能参与零件机器加工工艺方案制定及实施 | 1)机械加工工艺系统知识<br>2)复杂箱体件精加工工艺知识 |

续表

| 职业功能 | 工作内容 | | 技能要求 | 相关知识 |
|---|---|---|---|---|
| 一)工艺准备 | (三)工件定位与夹紧 | | 1)能参与或独立设计镗床用的各种复杂夹具<br>2)能对镗床夹具进行误差分析 | 1)复杂镗床夹具的设计与制造知识<br>2)镗床夹具的误差分析方法 |
| | (四)刀具准备 | | 能根据工件要求设计专用镗削刀具,并能参与制造 | 专用镗削刀具的设计与制造 |
| | (五)调整及维护保养设备 | 普通镗床 | 1)能对大型、现代化镗床进行试运转和验收<br>2)能分析和排除普通镗床疑难故障 | 镗床的种类、结构及故障排除方法 |
| | | 数控镗床 | 1)能对大型精密数控镗床进行不属于镗工工作内容试运转、验收<br>2)能分析排除数控镗床的疑难故障 | 1)大型精密数控镗床的结构、原理<br>2)大型精密数控镗床的验收及疑难故障排除方法 |
| 二)工件加工 | (一)镗削相交和交叉孔系 | | 能镗削高精度并具有空间复合角度的交叉孔与相交孔,孔径和位置度公差等级为IT6,角度公差为±5′ | 镗削高精度并具有空间复合角度的交叉孔与相交孔的方法 |
| | (二)镗削精密复杂箱体类工件 | | 能镗削有复合斜面和复合角度斜孔的复杂箱体 | 镗削有复合斜面、复合角度斜孔的复杂箱体的方法 |
| | (三)镗削加工特殊材料工件 | | 能镗削大型精密复杂的高锰钢、不锈钢、高温合金工件,并达到相应的质量标准 | 精密复杂、特殊材料工件加工方法 |
| 三)精度检验及误差分析 | (一)尺寸精度检验 | | 能对大型、精密、复杂工件的各种尺寸进行检测 | 1)大型、精密、复杂工件尺寸精度的检测项目<br>2)复合斜面、复合角度斜孔的检测方法 |
| | (二)形位误差的检测 | | 能完成大型、精密、复杂工件形位误差的检测 | 大型、精密工件形位误差检测的内容及方法 |
| | (三)典型零件的综合检测 | | 能完成带有复合斜面、复合斜孔的复杂箱体的综合检测 | 带有复合斜面、复合角度斜孔的复杂箱体的综合检测内容及方法 |
| 四)培训指导 | (一)指导操作 | | 能指导初、中、高级镗工和技师进行实际操作 | 培训讲义的编写方法 |
| | (二)理论培训 | | 能对本专业初、中、高级镗工进行技术理论培训 | 培训讲义的编写方法 |

# 参 考 文 献


[1] 顾维邦. 金属切削机床概论[M]. 北京:机械工业出版社,1999.

[2] 戴　曙. 金属切削机床[M]. 北京:机械工业出版社,1993.

[3] 恽达明. 金属切削机床[M]. 北京:机械工业出版社,2005.

[4] 黄鹤汀. 金属切削机床(上册)[M]. 北京:机械工业出版社,1999.

[5] 张俊生. 金属切削机床与数控机床[M]. 北京:机械工业出版社,2001.

[6] 贾亚洲. 金属切削机床概论[M]. 北京:机械工业出版社,1996.

[7] 吴国华. 金属切削机床[M]. 北京:机械工业出版社,1999.

[8] 吴圣庄. 金属切削机床概论[M]. 北京:机械工业出版社,1995.

[9] 吴玉华. 金属切削加工技术[M]. 北京:机械工业出版社,1998.

[10] 上海纺织工学院,哈尔滨工业大学,天津大学. 机床设计图册[M]. 上海:上海科学技术出版社,1979.